新世纪高等学校教材

化学系列教材

无机化学与分析化学实验

WUJI HUAXUE YU FENXI HUAXUE SHIYAN

康新平　林培喜　主　编

北京师范大学出版集团
BEIJING NORMAL UNIVERSITY PUBLISHING GROUP
北京师范大学出版社

图书在版编目（CIP）数据

无机化学与分析化学实验 / 康新平，林培喜主编. —
北京：北京师范大学出版社，2022.7
（新世纪高等学校教材 化学系列教材）
ISBN 978-7-303-14946-9

Ⅰ．①无… Ⅱ．①康…②林… Ⅲ．①无机化学－化
学实验－高等学校－教材 Ⅳ．①O61-33 ②O652.1

中国版本图书馆 CIP 数据核字(2012)第 143981 号

营 销 中 心 电 话	010-58802181　58805532
北师大出版社科技与经管分社	www.jswsbook.com
电 子 信 箱	jswsbook@163.com

出版发行：	北京师范大学出版社　www.bnupg.com
	北京市西城区新街口外大街 12－3 号
	邮政编码：100088
印　　刷：	北京天泽润科贸有限公司
经　　销：	全国新华书店
开　　本：	730 mm×980 mm　1/16
印　　张：	9.5
字　　数：	171 千字
版 印 次：	2022 年 7 月第 1 版第 8 次印刷
定　　价：	19.00 元

策划编辑：范 林	责任编辑：范 林
美术编辑：刘 超	装帧设计：刘 超
责任校对：李 菌	责任印制：赵 龙

前 言

实验教学是高等院校化学教育中培养科学的思维与方法、创新意识与能力，全面推进素质教育最基本的教学形式，实验教学有其自身的系统性与教学规律，其作用是理论教学所无法取代的。如何保持实验自身的独立性和系统性，充分发挥其在人才培养中的巨大作用，是目前实验课程改革的研究方向。

本书的编写正是为了适应高等教育的改革，适应培养面向 21 世纪的高素质应用型专业人才的需要。我们结合多年的教学实践经验，并借鉴其他高校在实验教学改革方面的经验，边研究、边实践、边修正。

本书编写的主要特色如下：

1. 立足于课程的整体性和基础性，着重于培养学生的综合素质和创新能力，将原来彼此独立、条块分割的无机化学、分析化学实验进行整合，形成一套全新的、与后续课程紧密联系的大学化学实验课程体系。

2. 本教材作为我校的教材立项课题，其初稿已经在 2011 级化学、化工等本、专科教学中试用 1 年，授课效果良好，在此基础上本书进行了调整和完善，理论深度合适，学生易学、易用。

3. 为了使学生更多地掌握分析检测手段以及专业技能知识，更适合工科学生学习和应用，本书补充了较多综合设计性实验内容。

全书内容包括：绪论、无机及分析化学实验的基础知识、化学实验基本操作、化学技能及无机化学实验、定量分析实验、研究（设计）性实验和附录，按照实验的类别共编排了 29 个实验。

　　本书可作为化学、应用化学、化工、食品、生物、环境、给排水、油储以及相关专业的实验教材，也可供相关人员参考。

　　本书主编为广东石油化工学院的康新平、林培喜。具体编写情况为：广东石油化工学院陈东华（第1章，第4章实验5、实验6、实验7和实验8）；揭永文（第4章实验1、实验2、实验3和实验4）；林培喜（第2章，第3章）；康新平（第4章实验9、实验10、实验11、实验12和实验13，第5章，第6章和附录）。邱宝渭绘制了全书的插图。

　　本书在编写时参考了一些学校的教材和正式出版的书刊中的有关内容，在此向有关的作者和出版社表示感谢。

　　限于编者水平，本书难免有错误和不当之处，恳切希望专家和同行及使用本书的教师和同学们提出宝贵的意见，以便重印或再版时改正。

编　者

2012 年 5 月

目　录

第 1 章　绪　　论

1.1　无机及分析化学实验的教学目的

在无机及分析化学的学习中，无机及分析化学实验课程占有十分重要的地位，它是基础化学实验平台的重要组成部分，也是高等院校化工类专业的主要实践基础课程。无机及分析化学实验作为一门独立设置的课程，突破了原无机化学和分析化学实验分科设课的界限，使之融为一体，旨在充分发挥无机及分析化学实验教学在素质教育和创新能力培养中的独特地位，使学生在实践中学习、巩固、深化和提高化学的基础知识、基本理论，掌握基本操作技能技术，培养学生的实践能力和创新思维能力。通过实验，我们要达到以下 4 个方面的目的。

1. 通过实验，掌握物质变化的感性知识，掌握重要化合物的制备、分离和分析检验的方法，加深对无机及分析化学基本原理和基本知识的理解，培养用实验方法获取新知识、巩固旧知识的能力。

2. 通过实验，使学生能熟练地掌握实验操作的基本技能和基本方法，能正确使用无机和分析化学实验中的各种常见、常规的仪器，培养学生独立工作和独立思考的能力(如在综合性和设计性实验中，培养学生独立准备和进行实验的能力)；培养学生细致观察和及时记录实验现象以及归纳、综合、正确处理实验数据，用文字表达实验结果的能力；培养学生具有一定的分析实验结果的能力和一定的组织实验、科学研究和创新的能力。

3. 通过实验，培养学生实事求是的科学态度；准确、细致、整洁等良好的实验室工作习惯以及科学的思维方法；培养学生敬业、一丝不苟和团队协作的工作精神。在分析化学实验中，要特别注意培养学生"量"的概念(有效数字的概念)，正确处理和表达分析数据。

4. 通过实验，使学生能够了解实验室工作的相关知识，如实验室化学试剂及仪器的管理，实验室可能发生的一般事故及其预防处理，实验室"三废"的处理方法等，培养学生的环保意识。

1.2 无机及分析化学实验的学习方法

要很好地完成无机和分析化学实验的学习任务，达到上述预期实验目的，除了要求学生有正确的学习态度外，还要掌握正确的学习方法。学习无机及分析实验课一般有以下三个基本环节。

1. 预习：无机和分析化学实验课程是一门有一定危险性的课程，实验前必须充分预习，对实验环节和实验步骤做到心中有数。为了使实验能够安全、顺利进行并获得良好的效果，实验前必须进行预习，通过阅读实验教材和相关的参考资料，明确实验的目的与要求，理解实验原理，弄清操作步骤和注意事项，设计好数据记录格式，写出简明扼要的预习报告(对研究性和设计性实验写出设计方案)，并于实验前对时间做好统一安排，然后才能进入实验室有条不紊地进行各项操作。

2. 实验：在教师指导下独立地进行实验是实验课的主要教学环节，也是训练学生正确掌握实验技术，实现化学实验目的的重要手段。在进行实验时，原则上应根据实验教材上所提示的方法、步骤和试剂进行操作，设计性实验或者对一般实验提出新的实验方案时，应该与指导教师讨论、修改和确定方案后方可进行实验，预防出现危险。并要求做到以下几点。

(1)认真操作，细心观察，如实而详细地记录实验现象和数据。

(2)如果发现实验现象和理论不相符，应首先尊重实验事实，并认真分析和检查其原因，通过必要手段重做实验，有疑问时力争自己解决问题，也可以相互轻声讨论或向教师请教。

(3)实验过程中应保持肃静，严格遵守实验室工作规则；实验结束后，洗净仪器，整理药品及实验台。

3. 实验报告：做完课堂实验只是完成实验的一半，余下更为重要的是分析实验现象，整理实验数据，将直接的感性认识提高到理性思维阶段。实验报告的内容应包括：

(1)实验目的：了解本次实验需要掌握的内容，以及要达到的预期目的，如掌握哪些仪器的使用、实验原理等。

(2)实验原理：本次实验的基本原理，一般用简明扼要的语言、路线图或反应方程式表示。

(3)实验步骤：尽量采用简单的语言、路线图、符号等形式清晰明了地表示。

（4）实验现象、数据记录：实验现象要仔细观察、全面正确表达，数据记录要完整，在定量分析实验中，尤其要注意数据的有效数字。

（5）解释、结论或数据处理：根据实验现象作出简明扼要的解释，并写出主要化学反应方程式或离子方程式，分题目作出小结或最后结论。若有数据计算，务必将所依据的公式和主要数据表达清楚，并注意数据的有效数字（包括结果的有效数字）。

（6）讨论：报告中可以针对本实验中遇到的疑难问题，对实验过程中发现的异常现象，或数据处理时出现的异常结果展开讨论，敢于提出自己的见解，分析实验误差的原因，也可以对实验方法、教学方法、实验内容等提出自己的意见或建议。

1.3 无机及分析化学实验课对学生的要求

实验课是育人成才、培养学生创新能力的重要教学环节，为提高教学质量，取得良好的实验教学效果，同时培养学生爱护公物，节约资源，养成良好的道德修养，实验课要求学生必须做到：

1. 实验前应认真预习、掌握需要的仪器和试剂，进入实验室要清点仪器，如发现有破损或缺少，应立即报告教师，按规定手续向实验技术员补领。实验时仪器如有损坏，按学校仪器赔偿制度进行处理，未经教师同意，不得拿用别的位置上的仪器。

2. 进入实验室，学生一定要认真执行实验室各项安全规定及各项规章制度，实验课不得迟到或未经允许而早退。

3. 实验时应保持实验室和桌面清洁整齐，爱护公共财产，小心使用仪器和实验设备，注意节约用水、电和煤气。

4. 实验时保持肃静，集中思想，认真操作，仔细观察现象，如实记录结果，积极思考问题。

5. 使用药品应注意以下几点：

（1）药品应按规定量取用，如果书中未规定用量，应注意节约，尽量少用。试剂的选用应遵循级别"就低不就高"的原则，即能采用二级试剂的不选用一级试剂，这样，既能满足分析准确度的要求，又可以大大降低实验成本。

（2）取用固体药品时，注意勿使其撒落在实验台上。

（3）药品自瓶中取出后，不应倒回原瓶中，以免带入杂质而影响瓶中药品纯度或引起瓶中药品变质。

(4)试剂取用过后，应立即将试剂瓶盖上塞子，并放回原处，以免和其他试剂瓶上的塞子搞错，混入杂质。

(5)各种废弃的试剂和药品，应倒入指定的回收瓶中，做进一步的处理。

6. 使用精密仪器时必须严格按照操作规程进行操作，细心谨慎，如发现仪器有故障，应立即停止使用，及时报告指导教师。

7. 实验后，应将仪器洗刷干净，放回规定的位置，整理好桌面。

8. 值日生打扫整个实验室，最后负责检查水龙头和煤气开关是否关好，拉闸断电，关好门窗，经教师同意后才能离开实验室。

9. 实验完成后要注意分析讨论实验结果好坏的原因，及时总结经验教训，不断提高实验工作能力。要认真书写实验报告，实验报告的字迹要工整，图表要清晰，按时交教师批阅。

第 2 章　无机及分析化学实验的基础知识

2.1　化学实验室安全知识

2.1.1　实验操作方面的潜在危险

在化学实验中，尽管实验项目是经典的，但是化学反应还有很多是未知的，如量的改变、温度的改变等，都有可能发生意外，因此，在化学实验中，一定要小心细致，防止意外发生。

1. 对于加热、生成气体的化学反应，一定要小心操作，不要封闭反应体系（除非是耐高压体系）。

2. 要耐心、细致完成滴加试剂、冷却操作的反应，一定要严格遵守，不要图省事。

3. 反应前，一定要检查仪器有无裂痕。对于反应体系气压变化大的反应，大家一般都会注意。但是，有些问题就是在人们想不到的时候出现。

4. 对于容易爆炸的反应物，如过氧化物、叠氮化物、重氮化物等，在使用的时候一定要小心，加热小心、量取小心、处理小心，否则可能因为震动而引起爆炸。

2.1.2　化学实验室安全守则

化学实验室中很多试剂易燃、易爆，具有腐蚀性或毒性，存在着不安全因素。所以在进行化学实验时，必须高度重视安全问题，绝不可麻痹大意。初次进行化学实验的学生，应接受必要的安全知识教育，且每次实验前都要仔细阅读实验室中的安全注意事项。并且在实验过程中，严格遵守相关的安全守则。

1. 进入实验室，首先必须了解实验室的环境，如水、各种电器开关、急救箱、消防用品等的安放位置、使用方法以及安全通道的位置。

2. 严格按照要求取用化学药品，严禁任意药品的混合以及搞错试剂和溶剂的瓶盖、瓶塞，防止意外发生。

3. 实验室内不得打闹、喧哗，严禁带入食品。使用有毒试剂时，严防入口或接触伤口，预防中毒；多余药品或废液不得倒入下水道，应倒入指定的容器，预防出现污染事故。

（1）当产生有毒、有刺激性的气体时，应该在通风橱内进行实验。

（2）对易燃、易挥发的有机溶剂，使用时一定要注意远离火源，防止蒸气外逸，有机溶剂不能倒入废液缸，不能用开口容器盛装，也不能用火直接加热烧瓶内的有机溶剂。

（3）使用浓酸、浓碱、溴、洗液等有强腐蚀性的药品时，要切记保护好眼睛，并避免接触皮肤和溅在衣物上。如果万一遇到此类情况，要立即用自来水冲洗，并立即报告教师，以得到及时救助。

（4）进行加热、浓缩液体的操作时应注意：不能俯视正在加热的液体；加热试管内的液体时，不能将试管口对着自己或别人；嗅闻少量气体时，只能用手把气体轻轻地扇向鼻孔进行嗅闻。

（5）使用电器时，不能用湿手接触仪器，以防触电，用后及时关闭电源开关或拔下电源插头。

（6）为了尽量避免实验室发生大量溢水事故，应注意水槽的清洁，废纸、玻璃等物品应扔入废物缸中，保持水槽水道畅通。有机实验冷凝管的冷却水不宜开得过大，以防水压过大而使接口脱落。

2.1.3　实验室意外事故处理

进入实验室后一定要遵守有关安全操作章程，确保人身和实验室的安全，如果出现意外，也要冷静、正确处理，把事故消灭在萌芽状态，最大限度降低事故对人身的伤害和集体财产的损失，具体事故可按下面的办法进行处理。

1. 火灾

一旦发生火灾，应沉着镇定地采取正确措施，控制事故的扩大。首先，应立即切断相关的电源，移走易燃物品。然后，根据燃烧物的性质和火势采用适当的方法进行扑救。由有机物引起的火灾通常不能用水进行扑救；小火可用湿布或石棉布盖熄；火势较大时，使用沙土、灭火器等将火熄灭。灭火器的正确选用参见表 2-1。

表 2-1　常用灭火器种类及其适用范围

类　型	药液成分	适用范围
酸碱式	H_2SO_4、$NaHCO_3$	非油类及电器失火的一般火灾
泡沫式	$Al_2(SO_4)_3$、$NaHCO_3$	油类失火

续表

类　型	药液成分	适用范围
二氧化碳	液体 CO_2	电器失火
四氯化碳	液体 CCl_4	电器失火
干粉灭火	粉末主要成分为 Na_2CO_3 等盐类物质，加入适量润滑剂、防潮剂	油类、可燃气体、电器设备、文件和遇水燃烧的物品等的初起火灾
1211	CF_2ClBr	油类、有机溶剂、高压电器设备、精密仪器等失火

2. 外伤

外伤是指由刀具、剪刀、玻璃片或其他锋利的器具对人所造成的外部损伤。当有外伤的时候，先用清洁物品止血，取出伤口异物，涂红药水或贴止血贴，再根据伤情或送医院救治。

3. 灼伤

皮肤接触了高温、低温或腐蚀性物质后，均可能被灼伤。为了避免灼伤，在接触这些物质时，最好戴橡皮手套和防护眼镜。发生灼伤时应按下述要求处理。

(1)热水烫伤：一般在患处涂上红花油，然后擦烫伤膏。

(2)碱灼伤：立即用大量水冲洗，再用 1%～2% 的乙酸或硼酸溶液冲洗，最后再用水冲洗，严重时涂上烫伤膏。

(3)酸灼伤：立即用大量水冲洗，再用 1% 碳酸氢钠溶液清洗，最后涂上烫伤膏。

(4)溴灼伤：立即用大量水冲洗，再用酒精擦洗或用 2% 硫代硫酸钠溶液洗至灼伤处呈白色，然后涂上甘油或鱼肝油软膏加以按摩。

(5)钠灼伤：可见的小块用镊子移去，其余与碱灼伤处理相同。

以上物质一旦溅入眼睛中，应立即用大量水冲洗，并及时送医院治疗。

4. 有害物质入口

吸入刺激性或有毒有害气体(如煤气、硫化氢、氨气、氯气等)时，应该立即到室外呼吸新鲜空气，同时查找有害气源并加以处理；当毒物误入口内时，可取 5 mL～10 mL 稀硫酸铜溶液，加入 1 杯温水中，内服后用食指伸入咽喉，促使呕吐，然后立即送医院治疗。

2.2　化学实验室"三废"处理

随着我国国民经济的高速发展以及人们生活水平的不断提高，人们对环境保护的意识不断增强，他们更加关心周边环境对健康的影响。化学实验中产生的废气、废液、废渣，污染了实验室和周边的环境，危害了师生的身体健康。为了改善环境，减少污染，避免对身体的危害，对实验室产生的"三废"必须进行处理，具体处理办法如下。

2.2.1　废气处理

1. 对一些污染严重的传统实验项目，应采用无污染实验替代，或选择微型实验，以减少有害气体的排放。

2. 对实验中产生的少量有害尾气，以相应试剂润湿的棉花、活性炭或相应的试液吸收。

3. 对有毒气体应改进实验装置、采用闭路、循环操作等避免毒气排放。

以上方法对无机气体制备（如 H_2S、NO_2、NO 等）和性质实验以及有机制备等均可采用。

2.2.2　废液处理

废液的处理与其性质有关，不同的废液处理方法不同。如废硫酸液可先用废碱液中和，调到 pH 为 $6\sim8$，然后从下水道排出。含酚、氰、汞、铬、镉的废液经以下处理后才能排放，具体办法如下。

1. 酚：高浓度的酚可用己酸丁酯萃取，重蒸馏回收。低浓度的酚废液可加入次氯酸钠或漂白粉使酚氧化为二氧化碳和水。

2. 氰化物：含有氰化物的废液不得直接倒入实验室水池内，应加入氢氧化钠使呈碱性后再倒入硫酸亚铁溶液中（按质量计算：1 份硫酸亚铁对 1 份氢氧化钠），生成无毒的亚铁氰化钠再排入下水管道。

3. 汞：若不小心将金属汞洒落在实验室内，必须立即用吸管、毛笔或硝酸汞溶液浸过的薄铜片将所有的汞滴拣起，收集于适当的瓶中，用水覆盖起来。洒落过汞的地面应撒入硫黄粉，将洒落区覆盖一段时间，使其生成硫化汞，再设法扫净，也可喷洒 20% 的三氯化铁溶液，让其自行干燥后再清扫干净。含汞盐的废液，可先调节 pH 为 $8\sim10$，加入过量硫化钠，使其生成硫化汞沉淀，再加入硫酸亚铁作为沉淀剂，清液可以排放，残渣可以用焙烧法回收汞，或再制成汞盐。

4. 铬：铬酸洗液如失效变绿，可浓缩冷却后加高锰酸钾粉末氧化，用砂芯漏斗滤去二氧化锰后再用。失效的废洗液可用废铁屑还原残留的六价铬，再用废碱液或石灰中和使其生成低毒的氢氧化铬沉淀。

5. 镉：用石灰将废液调到 pH 为 8～10，使废液中铅、镉生成氢氧化物沉淀，加入硫酸亚铁，作为共沉淀剂。

6. 混合废水的处理：实验室的混合废水可用铁粉法处理，此法操作简单，没有相互干扰，效果良好，处理方法是用酸调节废水至 pH 为 3～4，加入铁粉，搅拌 0.5 h，再用碱调至 pH 为 9 左右，继续搅拌 10 min，再加入高分子混凝剂，进行混凝后沉淀，清液可排放，沉淀物以废渣处理。如果实验室规模较大，有条件的学校可考虑建立完备的处理系统，如物理—化学—生化处理，最后达到合格排放。

2.2.3　废渣处理

对有毒的废渣应及时处理，一般的固体可集中定期处理，有价值的可进行回收处理，少量无价值的可进行焚烧法处理或深埋。

以上处理办法可设计为学生实验项目，让学生自己动手，提高学生的环保意识，以达到"以废治废"的目的。

2.3　化学试剂的规格、存放及取用

2.3.1　化学试剂的规格及用途

根据国家标准(GB)及部颁标准，化学试剂按其纯度和杂质含量的高低分为四种等级，具体的分类及用途见表 2-2。

表 2-2　我国常见化学试剂等级的划分

国家标准	优级纯(GR)	分析纯(AR)	化学纯(CP)	实验试剂(LR)
试剂级别	一等品	二等品	三等品	四等品
标签颜色	绿色	红色	蓝色	黄色
用途	精密分析和科学研究	重要分析和一般性研究工作	工厂、学校一般性的分析工作	一般化学实验，不能用于分析工作

化学试剂除上述几个等级外，还有基准试剂、光谱纯试剂及超纯试剂等。基准试剂相当或高于优级纯试剂，主要用作滴定分析的基准物质，用以确定未知溶液的准确浓度或直接配制成标准溶液，其主成分含量一般在 99.95% ～ 100.0%，杂质总量不超过 0.05%。光谱纯试剂主要用于光谱分析中作标准物质，其杂质用光谱分析法测不出或杂质低于某一限度，纯度在 99.99% 以上。超纯试剂又称高纯试剂，是用一些特殊设备如石英、铂器皿生产的，属于专用试剂，在特殊分析中使用。

2.3.2　化学试剂的存放

化学试剂种类繁多，性质各异，在储存时常因保管不当而变质，造成不必要的浪费。有的试剂容易吸湿而潮解或水解；有的容易与空气里的氧气、二氧化碳或扩散在其中的其他气体发生反应；还有的试剂受光照和环境温度的影响会变质。因此，我们必须根据试剂的不同性质，分别采取相应的措施妥善保存，同时，在存放时，既要注意药品安全，又要方便化学试剂的查找和存放。一般有以下几种保存方法。

1. 分类摆放

对于性质稳定的固体盐、氧化物等，可按阴离子或阳离子分类存放，以便查找。例如可分成盐酸盐、硫酸盐或钠盐、钾盐、铁盐、氧化物等进行分类存放，取用后要及时放回原处。

2. 密封保存

试剂取用后一般都用塞子盖紧，特别是挥发性的物质(如硝酸、盐酸、氨水等)以及很多低沸点有机物(如乙醚、丙酮、甲醛、乙醛、氯仿、苯等)必须严格密封。有些吸湿性极强或遇水蒸气发生强烈水解的试剂，如五氧化二磷、无水 $AlCl_3$ 等，不仅要严格密封，还要蜡封。在空气里能自燃的白磷要保存在水中。活泼的金属如钾、钠等要保存在煤油中。

3. 用棕色瓶盛放和安放在阴凉处

光照或受热容易变质的试剂(如浓硝酸、硝酸银、氯化汞、碘化钾、过氧化氢以及溴水、氯水等)要存放在棕色瓶里，并置于阴凉处，防止它分解变质。

4. 危险药品要跟其他药品分开存放

易燃、易爆，有毒性、腐蚀性和放射性等危险性的药品，以及受到外界因素影响能引起灾害性事故的化学药品，都属于化学危险品。它们一定要单独存放，例如高氯酸不能和有机物接触，否则易发生爆炸。

强氧化性物质和有机溶剂能腐蚀橡皮，不能盛放在带橡皮塞的玻璃瓶中。

容易侵蚀玻璃而影响试剂纯度的试剂，如氢氟酸、含氟的盐（如氟化钾、氟化钠、氟化铵）和苛性碱（氢氧化钾、氢氧化钠），应保存在聚乙烯塑料瓶或涂有石蜡的玻璃瓶中。

剧毒品必须存放在保险柜中，加锁保管。取用时要有两人以上共同操作，并记录用途和用量，随用随取，严格管理。腐蚀性强的试剂要设有专门的存放橱。

2.3.3　试剂的取用

实验室中一般只储存固体试剂和液体试剂，气体试剂都是在使用时临时制备或临时购买。在取用和使用任何化学试剂时，首先要做到"三不"，即不用手拿、不直接闻气味、不尝味道。此外还应注意试剂瓶塞或瓶盖打开后要倒放于桌上，取用试剂后立即还原塞紧。否则会污染试剂，使之变质而不能使用，甚至可能引起意外事故。另外，本着节约的原则，试剂的选用应遵循级别"就低不就高"的原则，即能采用二级试剂的不采用一级试剂，这样，既能满足分析准确度的要求，又可以大大降低分析成本（不同纯度级别的试剂，价格相差很大）。这一原则，无论是在厂矿企业的分析检验，还是在学校的教学实验，都是应该遵循的原则。

在实验室，固体试剂一般装在广口瓶内；液体试剂盛放在细口瓶或滴瓶内；见光易分解的试剂盛放在棕色瓶内。每个试剂瓶上都贴有标签，标明试剂的名称、浓度和配制日期。

1. 固体粉末试剂的取用

（1）固体粉末试剂要用干净的药匙取用。一般药匙两端分别为大小两个匙，可根据用量多少选用。用过的药匙必须洗净晾干后才能再使用，以免沾污试剂。

（2）要取一定量的固体试剂时，可把固体试剂放在滤纸或表面皿上，然后在台秤上称量。

（3）若实验中无规定剂量时，所取试剂量以刚能盖满试管底部为宜。

（4）取用试剂时，瓶盖要倒置在实验台上，以免被污染。试剂取用后，应立即盖紧瓶盖，避免盖错。

（5）取药时不要超过指定用量。多取的试剂不能倒回原瓶，可放在指定的容器中。

（6）在定量分析需准确称量时，则用称量瓶在电子天平（或分析天平）上采用"减量法"或"增量法"进行称量。

(7)有毒药品、特殊试剂要在教师指导下取用，或严格遵照规则取用。

2. 液体试剂的取用

(1)从滴瓶中取用试剂时，先提起滴管至液面以上，再按捏胶头排去滴管内的空气，然后伸入滴瓶液体中，放松胶头吸入试剂，再提起滴管，按捏胶头将试剂滴入容器中。取用试剂时滴管必须保持垂直，不得倾斜或倒立。滴加试剂时滴管应在盛接容器的正上方，不得将滴管伸入容器中触及盛接容器的器壁，以免污染(图 2-1)。滴管放回原滴瓶时不要放错。不允许用自己的滴管到滴瓶中取用试剂。

(2)从细口瓶中取用试剂时，先将瓶塞取下，倒放在实验台面上，然后将贴有标签的一面向着手心，逐渐倾斜瓶子，瓶口紧靠盛接容器的边缘或沿着洁净的玻璃棒，慢慢倾倒至所需的体积(图 2-2)。最后把瓶口剩余的 1 滴试剂"碰"到容器中去，以免液滴沿着瓶子外壁流下。注意不要盖错瓶盖。若用滴管从细口瓶中取用少量液体，则滴管一定要洁净、干燥。

图 2-1 用滴管加少量液体的操作   图 2-2 从试剂瓶中倒取液体的操作

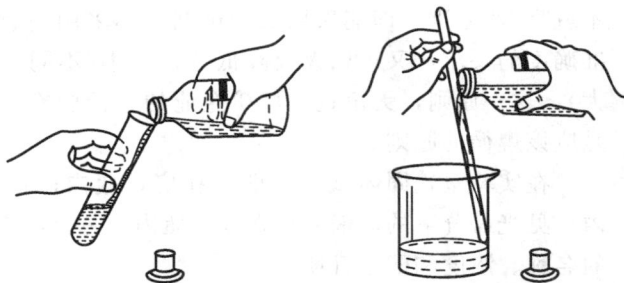

(3)准确量取液体试剂时，可用量筒、移液管或滴定管，多取的试剂不能倒回原瓶，可倒入指定容器中。

量筒的容量有：5 mL、10 mL、50 mL、500 mL 等数种，使用时要把量取的液体注入量筒中，使视线与量筒内液体凹面的最低处保持水平，然后读出量筒上的刻度，即得液体的体积。如需少量液体试剂时，则可用滴管取用，取用时应注意不要将滴管碰到或插入承接容器的壁上或里面。定量分析时，由于量筒精度不够，应采用移液管量取所需体积。

实验室中试剂的存放，一般都按照一定的次序和位置，不要随意变动。试剂取用后，应立即放回原处。

2.3.4 试剂的配制

根据配制试剂的纯度和配制浓度的要求，选用不同级别的化学试剂并计算溶质的用量。配制饱和溶液时，所用的溶质的量应稍多于计算量，加热使之溶解、冷却，待结晶析出后再用，这样可以保证溶液饱和。定量分析中试剂的配制，则采用更严格的配制方法(在定量分析中另有叙述)。

配制溶液如有较高的溶解热发生，则配制溶液的操作一定要在烧杯中进行，如配制 H_2SO_4，先加入水，然后将硫酸沿容器内壁缓缓倒入，全部倒入后搅拌均匀即可。

溶液配制过程中，加热和搅拌可加速溶解，但搅拌不宜太剧烈，不能使搅拌棒触及烧杯壁。

配制易水解的盐溶液时，必须把试剂先溶解在相应的酸溶液[如 $SnCl_2$、$SbCl_3$、$Bi(NO_3)_3$ 等]或碱溶液(如 Na_2S 等)，不仅需要酸化溶液，而且应在该溶液中加入相应的纯金属，防止低价金属离子的氧化。

表 2-3　常见碱溶液的配制

名称	化学式	浓度/$mol \cdot L^{-1}$	配制方法
氢氧化钠	NaOH	6	240 g NaOH 溶于水中，冷却后稀释至 1 L
		2	80 g NaOH 溶于水中，冷却后稀释至 1 L
		0.1	4 g NaOH 溶于水中，冷却后稀释至 1 L
氢氧化钾	KOH	1	56 g KOH 溶于水中，冷却后稀释至 1 L
氨水	$NH_3 \cdot H_2O$	15	密度为 0.9 $g \cdot mL^{-1}$ 的 $NH_3 \cdot H_2O$
		6	400 mL 15 $mol \cdot L^{-1}$ 的 $NH_3 \cdot H_2O$，加水稀释至 1 L
		3	200 mL 15 $mol \cdot L^{-1}$ 的 $NH_3 \cdot H_2O$，加水稀释至 1 L

表 2-4　常见酸溶液的配制

名称	化学式	浓度	配制方法
盐酸	HCl	8 $mol \cdot L^{-1}$	666.7 mL 12 $mol \cdot L^{-1}$ 的浓 HCl，加水稀释至 1 L
		(1:1)HCl	12 $mol \cdot L^{-1}$ 的浓 HCl，加等体积水稀释
		2 $mol \cdot L^{-1}$	167 mL 12 $mol \cdot L^{-1}$ 的浓 HCl，加水稀释至 1 L
		0.1 $mol \cdot L^{-1}$	8.4 mL 12 $mol \cdot L^{-1}$ 的浓 HCl，加水稀释至 1 L
硝酸	HNO_3	16 $mol \cdot L^{-1}$	密度为 1.42 $g \cdot mL^{-1}$ 的浓 HNO_3
		3 $mol \cdot L^{-1}$	190 mL 16 $mol \cdot L^{-1}$ 的浓 HNO_3，加水稀释至 1 L
		0.2 $mol \cdot L^{-1}$	12.7 mL 16 $mol \cdot L^{-1}$ 的浓 HNO_3，加水稀释至 1 L

续表

名称	化学式	浓度	配制方法
硫酸	H_2SO_4	18 mol·L^{-1}	密度为 1.84 g·mL^{-1} 的浓 H_2SO_4
		3 mol·L^{-1}	166 mL 18 mol·L^{-1} 的浓 H_2SO_4，加水稀释至 1 L
		0.1 mol·L^{-1}	5.6 mL 18 mol·L^{-1} 的浓 H_2SO_4，加水稀释至 1 L
醋酸	HAc	17 mol·L^{-1}	密度为 1.05 g·mL^{-1} 的 HAc
		6 mol·L^{-1}	353 mL 17 mol·L^{-1} 的 HAc，加水稀释至 1 L
		0.1 mol·L^{-1}	5.7 mL 17 mol·L^{-1} 的 HAc，加水稀释至 1 L

表 2-5　酸碱指示剂的配制

指示剂名称	变色范围/pH	颜色变化	配制方法
甲酚红（第一变色范围）	0.2～1.8	红—黄	0.04 g 指示剂溶于 100 mL 50％乙醇中
百里酚蓝（麝香草酚蓝，第一变色范围）	1.2～2.8	红—黄	0.1 g 指示剂溶于 100 mL 20％乙醇中
二甲基黄	2.9～4.0	红—黄	0.1 g 指示剂溶于 100 mL 90％乙醇中
甲基橙	3.1～4.4	红—橙黄	0.1 g 指示剂溶于 100 mL 水中
溴酚蓝	3.0～4.6	黄—蓝	0.1 g 指示剂溶于 100 mL 20％乙醇中
刚果红	3.0～5.2	蓝紫—红	0.1 g 指示剂溶于 100 mL 水中
溴甲酚绿	3.8～5.4	黄—蓝	0.1 g 指示剂溶于 100 mL 20％乙醇中
甲基红	4.4～6.2	红—黄	0.1 g 指示剂溶于 100 mL 20％乙醇中
溴酚红	5.0～6.8	黄—红	0.1 g 指示剂溶于 100 mL 20％乙醇中
溴甲酚紫	5.2～6.8	黄—紫红	0.1 g 指示剂溶于 100 mL 20％乙醇中
溴百里酚蓝	6.0～7.6	黄—蓝	0.05 g 指示剂溶于 100 mL 20％乙醇中
中性红	6.8～8.0	红—亮黄	0.1 g 指示剂溶于 100 mL 20％乙醇中
酚红	6.8～8.0	黄—红	0.1 g 指示剂溶于 100 mL 20％乙醇中

续表

指示剂名称	变色范围/pH	颜色变化	配制方法
甲酚红	7.2～8.8	亮黄—紫红	0.1 g 指示剂溶于 100 mL 50%乙醇中
百里酚蓝(麝香草酚蓝,第二变色范围)	8.0～9.0	黄—蓝	0.1 g 指示剂溶于 100 mL 20%乙醇中
酚酞	8.2～10.0	无—淡粉	0.1 g 指示剂溶于 90 mL 乙醇,加水至 100 mL
百里酚酞	9.4～10.6	无—蓝色	0.1 g 指示剂溶于 90 mL 乙醇,加水至 100 mL

表 2-6　混合酸碱指示剂

指示剂名称	变色 pH	颜色		配制方法
		酸	碱	
甲基橙—靛蓝(二磺酸)	4.1	紫	黄绿	1 份 1 g·L^{-1}甲基橙溶液 1 份 2.5 g·L^{-1}靛蓝(二磺酸)水溶液
溴百里酚绿—甲基橙	4.3	黄	蓝绿	1 份 1 g·L^{-1}溴百里酚绿钠盐水溶液 1 份 2 g·L^{-1}甲基橙水溶液
溴甲酚绿—甲基红	5.1	酒红	绿	3 份 1 g·L^{-1}溴甲酚绿乙醇溶液 2 份 2 g·L^{-1}甲基红乙醇溶液
甲基红—亚甲基蓝	5.4	红紫	绿	1 份 2 g·L^{-1}甲基红乙醇溶液 1 份 1 g·L^{-1}亚甲基蓝乙醇溶液
溴甲酚紫—溴百里酚蓝	6.7	黄	蓝紫	1 份 1 g·L^{-1}溴甲酚紫钠盐水溶液 1 份 1 g·L^{-1}溴百里酚蓝钠盐水溶液
中性红—亚甲基蓝	7.0	紫蓝	绿	1 份 1 g·L^{-1}中性红乙醇溶液 1 份 1 g·L^{-1}亚甲基蓝乙醇溶液
溴百里酚蓝—酚红	7.5	黄	绿	1 份 1 g·L^{-1}溴百里酚蓝钠盐水溶液 1 份 1 g·L^{-1}酚红钠盐水溶液
甲酚红—百里酚蓝	8.3	黄	紫	1 份 1 g·L^{-1}甲酚红钠盐水溶液 3 份 1 g·L^{-1}百里酚蓝钠盐水溶液

注：表中 1 份是指体积。

表 2-7　金属离子指示剂

指示剂名称	颜色		配制方法
	游离态	化合态	
铬黑 T(EBT)	蓝	红	将 0.2 g 铬黑 T 溶于 15 mL 三乙醇胺及 5 mL 乙醇中或将 1 g 铬黑 T 与 100 g NaCl 研细混匀
钙指示剂(N. N)	蓝	酒红	0.5 g 钙指示剂与 100 g NaCl 研细混匀
二甲酚橙(XO)	黄	红	0.2 g 二甲酚橙溶于 100 mL 去离子水中
K-B 指示剂	蓝	红	0.5 g 酸性铬蓝 K 加 1.25 g 萘酚绿 B 及 25 g 硫酸钾研细混匀
磺酸水杨酸	无	红	10 g 磺酸水杨酸溶于 100 mL 水中
PAN 指示剂	黄	红	0.1 g 或 0.2 g PAN 溶于 100 mL 乙醇中

表 2-8　氧化还原指示剂

指示剂名称	变色电位 φ/V	颜色		配制方法
		氧化态	还原态	
二苯胺	0.76	紫	无色	将 1 g 二苯胺在搅拌下溶于 100 mL 浓硫酸和 100 mL 浓磷酸，储于棕色瓶中
二苯胺磺酸钠	0.85	紫	无色	将 0.5 g 二苯胺磺酸钠溶于 100 mL 水中，必要时过滤
邻菲咯啉-Fe(Ⅱ)	1.06	淡蓝	红	将 0.5 g $FeSO_4 \cdot 7H_2O$ 溶于 100 mL 水中，加 2 滴硫酸，加 0.5 g 邻菲咯啉
邻苯氨基苯甲酸	1.08	紫红	无色	将 0.2 g 邻苯氨基苯甲酸加热溶解于 100 mL 0.2% Na_2CO_3 溶液中，必要时过滤

表 2-9　沉淀及吸附指示剂

指示剂名称	颜色变化	配制方法
铬酸钾	黄→砖红	5 g 铬酸钾溶于 100 mL 水中
硫酸铁铵(40% 饱和溶液)	无色→血红	40 g $NH_4Fe(SO_4)_2 \cdot 12H_2O$ 溶于 100 mL 水中，加数滴浓硝酸
荧光黄	绿色荧光→玫瑰红	0.5 g 荧光黄溶于乙醇，并用乙醇稀释至 100 mL
二氯荧光黄	绿色荧光→玫瑰红	0.1 g 二氯荧光黄溶于 100 mL 水中
曙红	橙色→深红色	0.5 g 曙红溶于 100 mL 水中

表 2-10　常用缓冲溶液

pH	配制方法
1.0	$0.1 \ mol \cdot L^{-1}$ HCl 溶液（当不允许有 Cl^- 时，用硝酸）
2.0	$0.01 \ mol \cdot L^{-1}$ HCl 溶液（当不允许有 Cl^- 时，用硝酸）
3.6	8 g NaAc $\cdot$ 3H$_2$O 溶于适量水中，加 6 $mol \cdot L^{-1}$ HAc 溶液 134 mL，用水稀释至 500 mL
4.0	将 60 mL 冰醋酸和 16 g 无水醋酸钠溶于 100 mL 水中，用水稀释至 500 mL
4.5	将 30 mL 冰醋酸和 30 g 无水醋酸钠溶于 100 mL 水中，用水稀释至 500 mL
5.0	将 30 mL 冰醋酸和 60 g 无水醋酸钠溶于 100 mL 水中，用水稀释至 500 mL
5.4	将 40 g 六次甲基四胺溶于 90 mL 水中，加入 20 mL 6 $mol \cdot L^{-1}$ HCl 溶液
5.7	100 g NaAc $\cdot$ 3H$_2$O 溶于适量水中，加 6 $mol \cdot L^{-1}$ HAc 溶液 13 mL，用水稀释至 500 mL
7.0	77 g NH$_4$Ac 溶于适量水中，用水稀释至 500 mL
7.5	66 g NH$_4$Cl 溶于适量水中，加浓氨水 1.4 mL，用水稀释至 500 mL
8.0	50 g NH$_4$Cl 溶于适量水中，加浓氨水 3.5 mL，用水稀释至 500 mL
8.5	40 g NH$_4$Cl 溶于适量水中，加浓氨水 8.8 mL，用水稀释至 500 mL
9.0	35 g NH$_4$Cl 溶于适量水中，加浓氨水 24 mL，用水稀释至 500 mL
9.5	30 g NH$_4$Cl 溶于适量水中，加浓氨水 65 mL，用水稀释至 500 mL
10.0	27 g NH$_4$Cl 溶于适量水中，加浓氨水 175 mL，用水稀释至 500 mL
11.0	3 g NH$_4$Cl 溶于适量水中，加浓氨水 207 mL，用水稀释至 500 mL
12.0	$0.01 \ mol \cdot L^{-1}$ NaOH 溶液（当不允许有 Na^+ 时，用 KOH）
13.0	$0.1 \ mol \cdot L^{-1}$ NaOH 溶液（当不允许有 Na^+ 时，用 KOH）

2.4　气体的制备、净化

2.4.1　气体的制备

在实验室制备气体，可以根据所使用的反应原料的状态及反应条件，选择不同的反应装置进行制备。

1. 启普发生器

它适用于块状或大颗粒的固体与液体进行反应，在不需要加热条件下来制备气体，如 H_2、CO_2、H_2S 等气体的制备，如图 2-3 所示。

图 2-3　启普发生器

2. 烧瓶—恒压漏斗简易气体发生器

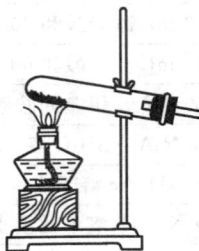

当制备反应需要加热，或固体反应物是小颗粒或粉末状的情况时(如生成 Cl_2、HCl、SO_2 等气体)，可采用烧瓶—恒压漏斗简易气体发生器，如图 2-4 所示。

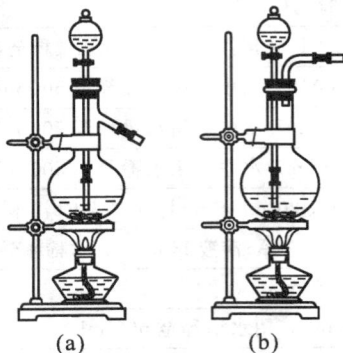

(a)   (b)

图 2-4　烧瓶—恒压漏斗简易气体发生器　　图 2-5　硬质玻璃试管制备气体

3. 硬质玻璃试管制备气体

硬质玻璃试管制备气体适用于在加热的条件下，利用固体反应物制备气体(如制备 O_2、NH_3 等)，如图 2-5 所示。

2.4.2　气体的收集

根据气体在水中的溶解度和气体密度大小，采用排水集气(图 2-6)和排气集气(图 2-7)的方法。在水中溶解度很小的气体(如氧气、氢气等)可用排水集气法；易溶于水而密度比空气小的气体(如氨等)，可采用向下排气集气法；易溶于水而密度比空气大的气体(如二氧化硫、二氧化氮等)，可采用向上排气集气法。

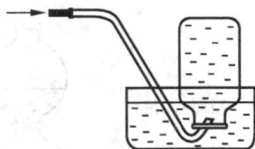

图 2-6　排水集气法　　　　　　图 2-7　排气集气法

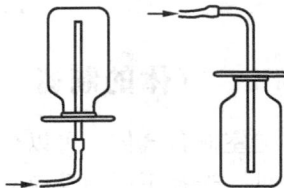

2.4.3　气体的净化和干燥

1. 气体的净化

在实验室通过化学反应制备的气体一般都带有水汽、酸雾等杂质，纯度达不到要求，应该进行净化(也称纯化、纯制)。通常选用某些液体或固体试剂，分别装在洗气瓶或吸收干燥塔、U 形管等装置中(图 2-8、图 2-9)，通过化学反应或者吸收、吸附等物理化学过程将其去除，达到净化的目的。

　　由于制备气体本身的性质及所含杂质的不同，净化方法也有所不同。一般步骤是先除去杂质与酸雾，再将气体干燥。酸雾用水或玻璃棉可以除去。

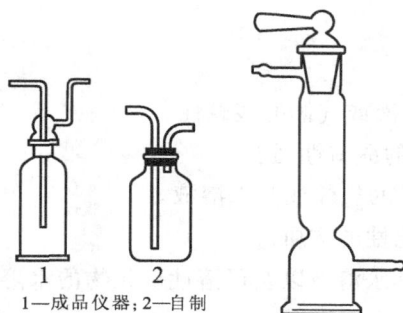

1—成品仪器；2—自制

图 2-8　洗气瓶和吸收干燥塔

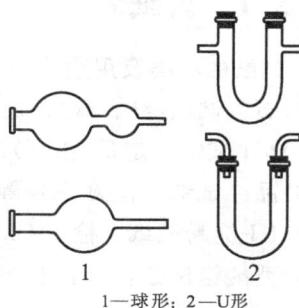

1—球形；2—U形

图 2-9　干燥管

　　去除气体杂质需要利用化学反应。而不同性质的气体，必须选择适当的试剂去除，学生可以独立思考，也可以参考教材中的相关内容。如 SO_2、H_2S、AsH_3 杂质，经过 $K_2Cr_2O_7$ 与 H_2SO_4 组成的铬酸溶液或 $KMnO_4$ 与 KOH 组成的碱性溶液洗涤而除掉。

　　气体净化的方法还有许多，可以根据需要查阅有关的实验手册，选择适宜的方法。

2. 气体的干燥

　　除掉气体杂质以后，还需要将气体干燥。不同性质的气体应根据其特性选择不同的干燥剂，如具有碱性的和还原性的气体(如 NH_3、H_2S 等)，不能用浓 H_2SO_4 干燥。常用气体干燥剂见表 2-11。

表 2-11　常用气体干燥剂

干燥剂	适于干燥的气体
CaO、KOH	NH_3、胺类
碱石灰	NH_3、胺类、O_2、N_2(同时可除去气体中的 CO_2 和酸气)
无水 $CaCl_2$	H_2、O_2、N_2、HCl、CO_2、CO、SO_2、烷烃、烯烃、氯代烷、乙醚
$CaBr_2$	HBr
CaI_2	HI
H_2SO_4	O_2、N_2、Cl_2、CO_2、CO、烷烃
P_2O_5	O_2、N_2、H_2、CO_2、CO、SO_2、乙烯、烷烃

2.5 试纸与滤纸

2.5.1 试纸

1. 试纸的种类及用途

(1)石蕊试纸(红、蓝):定性检验溶液或气体的酸碱性。

(2)pH 试纸:定量(粗测)检验溶液的酸碱性强弱。

(3)品红试纸:检验 SO_2 等有漂白性的气体或其水溶液。

(4)KI-淀粉试纸:检验 Cl_2 等有氧化性的物质。

(5)醋酸铅试纸:检验 H_2S 气体及其水溶液以及可溶性硫化物的水溶液。

2. 使用方法

(1)检验溶液:将一小块试纸放在表面皿或玻璃片上,用蘸有待测溶液的玻璃棒点在试纸上,观察试纸颜色变化。pH 试纸变色后与标准比色卡对照。

(2)检验气体:一般先用蒸馏水将试纸润湿,将之粘贴在玻璃棒的一端,置于待检气体出口(或管口、瓶口)处,观察试纸的颜色变化,并判断气体属性。

(3)注意事项:试纸不可伸入或投入溶液中,也不能与容器口接触;测溶液的 pH 时,pH 试纸绝不能润湿;观察或对比试纸的颜色应迅速,否则空气中的某些成分会影响其颜色,干扰判断。

2.5.2 滤纸

化学实验室中常用的有定量分析滤纸和定性分析滤纸两种,按过滤速度和分离性能的不同,又分为快速、中速和慢速三种。在实验过程中,应当根据沉淀的性质和数量,合理地选用滤纸。

2.6 常用溶剂

最常用的溶剂是水,我们所说的物质的所有性质反应都是在水溶液中才具备的。经初步处理后的自来水,除含有较多的可溶性杂质外,是比较纯净的,在化学实验中常用作粗洗仪器用水、实验冷却用水、水浴用水及无机制备前期用水等。自来水再经进一步处理后所得的纯水，在实验中常用作溶剂用水、精洗仪器用水、分析用水及无机制备的后期用水。因制备方法不同，常见的纯水有蒸馏水和去离子水。在有机实验中还常常要用到许多有机溶剂。它们不仅作为反应介质，而且在有机产物的纯化和后处理中也经常使用。溶剂的纯度对反应的速率、产物的产率和纯度都有影响，因此应尽量提高溶剂的纯度。

2.6.1　蒸馏水的分类及用途

表 2-12　蒸馏水的分类及制备

蒸馏水的分类	三级	二级	一级
制备方法	一次蒸馏或一次离子交换	三级蒸馏水再蒸馏或过离子交换柱	二级蒸馏水通过离子交换柱或渗透膜得到

三级蒸馏水：在实验中常用作溶剂用水、精洗仪器用水、分析用水及无机制备的后期用水。

二级蒸馏水：微量元素分析用水。

一级蒸馏水：微量元素分析用水或特殊要求的行业用水。

2.6.2　有机溶剂

除蒸馏水外，还有很多有机溶剂，如乙醇（C_2H_5OH）、乙醚（$C_2H_5OC_2H_5$）、丙酮（CH_3COCH_3）、苯（C_6H_6）、甲苯（$C_6H_5CH_3$）等。

2.7　常用化学实验仪器分类

2.7.1　用于加热的仪器

1. 试管

用于少量物质的溶解或反应的容器，也常用于制取和收集少量气体（即简易气体发生器）。实验时盛放液体药量不能超过试管容积的 1/3，以防振荡或加热时溢出。用试管夹或铁夹固定时，要从试管底部套入并夹持距管口约 1/3 的部位。试管是可以用灯焰直接加热的仪器。试管可以用于简易制气装置，硬质试管常用于较高温度下的反应加热装置。

2. 烧杯

用于大量物质溶解和配制溶液或进行化学反应的容器，也常用于承接分液或过滤后的液体。实验时盛放液体的量不能超过烧杯容积的 1/2，以防搅拌时溅出。

3. 烧瓶

烧瓶依外形和用途不同，分为圆底烧瓶、平底烧瓶、蒸馏烧瓶三种。用于较大量而又有液体物质参加的反应，生成物有气体且要导出收集的实验，可用圆底烧瓶或平底烧瓶。蒸馏液体时要用带支管的蒸馏烧瓶。

烧瓶一般用于制气实验，加热时，若无固体反应物，往往需要加入沸石等以防暴沸，如实验室制乙烯。

4. 蒸发皿

用于蒸发浓缩溶液或使溶液结晶的瓷质仪器。所盛溶液量较多时，可放在铁圈上用火焰直接加热；当溶液中有部分晶体析出时，要改放在石棉网上加热，以防晶体飞溅。

5. 坩埚

进行固体物质高温加热、灼烧的仪器。实验时要放在泥三角上用火焰直接加热。

6. 锥形瓶

用于中和滴定的实验容器，也常用来代替烧杯组装成气体发生装置。

7. 燃烧匙

进行固体物质或液体物质燃烧的仪器。由于燃烧匙一般是铜或铁制品，遇到与铜、铁反应的物质时，要在匙底部铺一层细沙。

2.7.2 用于计量的仪器

1. 量筒

用于粗略量取一定体积液体的仪器。使用量筒来量取液体时，首先要选用与所量取液体体积接近的量筒。如取 15 mL 的稀酸，应选用 20 mL 的量筒，而不能用 50 mL 或 100 mL 的量筒，否则造成误差过大。其次是量筒的读数方法，应将量筒平放，使视线与液体的凹液面最低处保持水平。量筒不能加热，不能量取温度高的液体，也不能作为化学反应和配制溶液的仪器。

2. 滴定管

分酸式滴定管和碱式滴定管（目前出现了酸碱不分的滴定管，其活栓采用塑料王制作）。实验时，酸式滴定管可盛放酸或氧化性的溶液。因其阀门的活栓是经磨砂的，易受碱的腐蚀，所以酸式滴定管不能盛碱溶液。而碱式滴定管下端阀门是用橡胶管和玻璃珠组成的，易受氧化剂的腐蚀。

3. 容量瓶

用来配制一定物质的量浓度溶液的仪器。使用时应根据所配溶液的体积选定相应规格的容量瓶。由于容量瓶是精确计量一定体积溶液的仪器，并且是在常温时标定的，因此使用时不能加热也不能注入过热的溶液。

4. 托盘天平

用来粗略称量固体物质质量的仪器，它的精确度是 0.1 g。使用托盘天平称量前，先要调零点，然后左、右两盘各放大小相同的称量纸。称量时要遵循"左物右码"的原则。

5. 温度计

用来测量温度的仪器。使用温度计时先要结合所测量温度的高低选择相应的温度计。因温度计下端水银球部位玻璃壁极薄，易破裂，因此绝不能代替玻璃棒进行搅拌，使用时也不能接触仪器壁。测量液体温度时，温度计的水银球部位应浸在液体内。

2.7.3　用于分离的仪器

1. 干燥器

用于保持试剂干燥的仪器。干燥器内隔板下放干燥剂（如无水 $CaCl_2$ 或硅胶等）。

2. 干燥管

用于干燥气体的仪器。使用时要将固体颗粒状干燥剂（如碱石灰、无水 $CaCl_2$ 等）放满球形容器内。气体流向应是大口进、小口出。

3. 洗气瓶

可用于干燥气体（用浓 H_2SO_4 作干燥剂时）也可用于气体除杂。瓶内放的是浓硫酸或其他试剂的溶液。气体流向应是长进短出。也可用于暂时储气，或用排液体法测量生成气体的体积。

4. 漏斗

分为普通漏斗、长颈漏斗和分液漏斗。普通漏斗主要用于制作过滤器（内衬滤纸），进行不溶性固体和液体的分离。有时也将普通漏斗倒置于液面，用以吸收易溶于水的气体以防倒吸。长颈漏斗主要用于组装简易气体发生装置。使用时应将其下端插入液面以下。分液漏斗是用于分离互不相溶的液体的仪器。使用时，下层液体从漏斗下端并沿烧杯壁流出，上层液体要从漏斗口倒出。与容量瓶一样，分液漏斗在分液操作前，也要在常温下检验是否漏水。分液漏斗也是组装气体发生装置的重要仪器之一。

5. 冷凝管

常与蒸馏烧瓶连接组成蒸馏或分馏装置，用以分离沸点不同的混合物。要注意进出水的方向，下方进水，上方出水，与管内蒸气流向相反，以利于蒸气的冷凝。

2.7.4 药品储存仪器

1. 集气瓶

用来进行物质与气体反应的容器，如氢气和氯气混合在强光下照射爆炸，铁丝、木炭、硫在氧气中燃烧等实验。在进行燃烧实验时，有时需要在瓶底放少量水或沙，以防瓶底受热不均而破裂。

2. 广口瓶和细口瓶

广口瓶是存放固体试剂的仪器，细口瓶是存放液体试剂的仪器，如果药品呈酸性或氧化性时，要用玻璃塞；如果药品呈碱性时，要用橡胶塞。对见光易变质的要用棕色瓶储存。

3. 滴瓶

用来存放少量液体试剂的仪器。它与细口瓶的用途相同。只是滴瓶口配有胶头滴管，在实验操作上，需要加几滴溶液时，使用滴瓶更为方便。

2.7.5 其他仪器

1. 胶头滴管

用于滴加液体试剂的专用仪器。使用时不得将液体流进胶头，以防液体试剂与胶头作用而污染试剂。向试管里滴加液体试剂时，要求滴管垂直悬空，不能伸入试管里，也不能将尖嘴贴靠管壁。

2. 研钵

用于粉碎块状固体物质的仪器。对易燃、易爆的药品，不能使用研钵。

此外，还有用于固定、支垫的铁架台、铁圈、铁夹、坩埚钳、试管夹、三脚架、石棉网，以及水槽、玻璃导管、玻璃棒、橡胶管等仪器和用品，这里就不逐一叙述了。

第 3 章　化学实验基本操作

3.1　化学实验基本操作

3.1.1　玻璃仪器的洗涤

玻璃仪器是基础化学实验中最常用的实验设备之一，玻璃仪器的洗涤是实验中的一个重要环节，洗涤是否干净，关系到实验的现象和结果的准确度。对于玻璃仪器的洗涤，我们要从三个方面加以了解：一是了解玻璃仪器洗涤的必要性。洁净的玻璃仪器，可以提高实验现象的真实性，提高定量分析的准确性；二是了解仪器洗涤干净的标准。仪器洗涤干净的标准是玻璃透亮、内壁不挂水珠；三是了解仪器洗涤方法的选择。一般是根据不同的不洁物和仪器的形状，选择洗涤仪器的方法。

一般来说，污物主要有灰尘、可溶性物质和不溶性物质、有机物及油污等。洗涤方法可分为以下几种。

1. 水洗

将玻璃仪器用水淋湿后，借助毛刷刷洗仪器。如洗涤试管时可用大小合适的试管刷在盛水的试管内转动或上下移动。但用力不要过猛，以防刷尖的铁丝将试管戳破。这样既可以使可溶性物质溶解，也可以除去灰尘，使不溶物脱落。但洗不去油污和有机物质。

2. 洗涤剂洗

常用的洗涤剂有去污粉和合成洗涤剂。用这种方法可除去油污和有机物质。例如烧杯、试管、量筒、漏斗等仪器，一般采用肥皂、洗衣粉、洗洁精等刷洗的方法。

3. 铬酸洗液洗

铬酸洗液是重铬酸钾和浓硫酸的混合物，有很强的氧化性和酸性，对油污和有机物的去污能力特别强。

对一些形状特殊的、容积精确的容量仪器，例如滴定管、移液管、容量瓶等，不宜用毛刷沾洗涤剂洗，常用铬酸洗液洗涤。

用铬酸洗液洗涤仪器时，先往仪器(碱式滴定管应先将橡皮管卸下，套上橡皮头；仪器内应尽量不带水分以免将洗液稀释)内加入少量洗液(约为仪器总容量的 1/5），使仪器倾斜并慢慢转动，让其内壁全部被洗液润湿，再转动仪器使洗液在仪器内壁流动，转动几圈后，把洗液倒回原瓶。然后用自来水冲洗干净，最后用蒸馏水冲洗 3 次。根据需要，也可用热的洗液进行洗涤，效果更好。

铬酸洗液具有很强的腐蚀性，使用时一定要注意安全，防止溅在皮肤和衣服上。

使用后的洗液应倒回原瓶，重复使用。如呈绿色，则已失效，不能继续使用。用过的洗液不能直接倒入下水道，以免污染环境。

必须指出，能用别的方法洗干净的仪器，尽量不要用铬酸洗液洗，因为 Cr(Ⅵ)具有毒性。

4. 特殊污物的洗涤

如果仪器壁上某些污物用上述方法仍不能去除时，可根据污物的性质，选用适当试剂处理。如沾在器壁上的二氧化锰用浓盐酸处理；沾有硫黄时用硫化铜处理；银镜反应黏附的银可用 6 mol·L^{-1}硝酸处理，等等。几种常见污垢的处理方法见表 3-1、表 3-2。

除了上述清洁方法外，现在还有先进的超声清洗器。只要把用过的仪器，放在配有合适洗涤剂的溶液中，接通电源，利用声波的能量和振动，就可将仪器清洗干净，既省时又方便。

仪器用自来水洗净后，还需用蒸馏水洗涤 2 次～3 次，洗净后的玻璃仪器应透明，不挂水珠。已经洗净的仪器，不能用布或纸擦拭，以免布或纸的纤维留在器壁上沾污仪器。

表 3-1　常见洗涤液配方及其使用方法

洗涤液及其配方	使用方法
铬酸洗液：研细的重铬酸钾 20 g 溶于 40 mL水中，慢慢加入 360 mL 浓硫酸	用于去除器壁残留油污，用少量洗液刷洗或浸泡 1 夜，洗液可重复使用
工业盐酸(浓或 1∶1)	用于洗去碱性物质及大多数无机物残渣
碱性洗液：10%氢氧化钠水溶液或乙醇溶液	水溶液加热(可煮沸)使用，其去油效果较好。注意：煮的时间太长会腐蚀玻璃，碱—乙醇洗液不要加热
碱性高锰酸钾洗液：4 g 高锰酸钾溶于水中，加入 10 g 氢氧化钠，用水稀释至 100 mL	洗涤油污或其他有机物，洗后容器沾污处有褐色二氧化锰析出，再用浓盐酸或草酸洗液、硫酸亚铁、亚硫酸钠等还原剂去除

续表

洗涤液及其配方	使用方法
草酸洗液：5 g～10 g 草酸溶于 100 mL 水中，加入少量浓盐酸	洗涤使用高锰酸钾洗液后产生的二氧化锰，必要时加热使用
碘—碘化钾洗液：1 g 碘和 2 g 碘化钾溶于水中，用水稀释至 100 mL	洗涤使用硝酸银滴定液后留下的黑褐色污物，也可用于擦洗沾有硝酸银的白瓷水槽
有机溶剂：苯、乙醚、二氯乙烷等	可洗去油污或可溶于该溶剂的有机物质，使用时要注意其毒性及可燃性。用乙醇配制的指示剂干渣，可用盐酸—乙醇（1：2）洗液洗涤
乙醇、浓硝酸：不可事先混合	用一般方法很难洗净的少量残留有机物，可用此法：于容器内加入不多于 2 mL 的乙醇，加入 10 mL 浓硝酸，静置即发生激烈反应，放出大量热及二氧化氮，反应停止后再用水冲洗，操作应在通风橱中进行，不可塞住容器，做好防护

表 3-2　常见污物处理方法

污物	处理方法
可溶于水的污物、灰尘等	自来水清洗
不溶于水的污物	肥皂、合成洗涤剂
氧化性污物（如 MnO_2、铁锈等）	浓盐酸、草酸洗液
油污、有机物	碱性洗液（Na_2CO_3、NaOH 等）、有机溶剂、铬酸洗液、碱性高锰酸钾洗液
残留的 Na_2SO_4、$NaHSO_4$ 固体	用沸水使其溶解后趁热倒掉
高锰酸钾污垢	酸性草酸溶液
黏附的硫黄	用煮沸的石灰水处理
瓷研钵内的污迹	用少量食盐在研钵内研磨后倒掉，再用水洗
被有机物染色的比色皿	用体积比为 1：2 的盐酸—乙醇液处理
银迹、铜迹	硝酸
碘迹	用 KI 溶液浸泡，然后用温热的稀 NaOH 或 $Na_2S_2O_3$ 溶液处理

污物	处理方法
AgCl	(1∶1)氨水或 10% $Na_2S_2O_3$ 水溶液
BaSO₄	100 ℃浓硫酸或用 EDTA-NH₃ 水溶液(3% EDTA 二钠盐 500 mL 与浓氨水 100 mL 混合)加热近沸

3.1.2 玻璃仪器的干燥

实验经常要用到的仪器应在每次实验完毕后洗净干燥备用。不同实验对仪器干燥有不同的要求,一般定量分析用的烧杯、锥形瓶等仪器洗净即可使用,而用于食品分析的仪器很多要求是干燥的,有的要求无水痕,有的要求无水。应根据不同要求进行干燥仪器。

1. 晾干

不急用的仪器,可在蒸馏水冲洗后在无尘处倒置控去水分,然后自然干燥。可用安有木钉的架子或带有透气孔的玻璃柜放置仪器。

2. 烘干

洗净的仪器控去水分,放在烘箱内烘干,烘箱温度为 105 ℃～110 ℃,烘 1 h 左右。也可放在红外灯干燥箱中烘干。此法适用于一般仪器。称量瓶等在烘干后要放在干燥器中冷却和保存。带实心玻璃塞及厚壁仪器烘干时要注意慢慢升温并且温度不可过高,以免破裂。量器不可放于烘箱中烘。

硬质试管可用酒精灯加热烘干,要从底部烤起,把管口向下,以免水珠倒流将试管炸裂,烘到无水珠后把试管口向上赶净水汽。

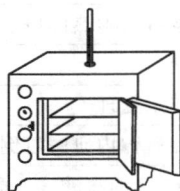

图 3-1　电热恒温干燥箱　　　　图 3-2　烤干试管

3. 热(冷)风吹干

对于急于干燥的仪器或不适于放入烘箱的较大的仪器可用吹干的办法。通常用少量乙醇、丙酮(或最后再用乙醚)倒入已控去水分的仪器中摇洗,然后用电吹风机吹，开始用冷风吹 1 min～2 min，当大部分溶剂挥发后吹入热风至完全干燥，再用冷风吹去残余蒸气，不使其又冷凝在容器内。

3.2　物质的加热与冷却

3.2.1　加热仪器及使用

1. 酒精灯

由灯罩、灯芯、灯壶三部分组成。加热温度约 300 ℃～500 ℃，灯壶内酒精量宜在 1/3～2/3 容积。点灯前取下灯帽，提一下灯芯，让灯壶内压力释放后再点火。

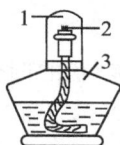

1—灯罩；2—灯芯；3—灯壶

图 3-3　酒精灯的构造　　　　　**图 3-4　点火方法**

用燃着的酒精灯对火

注意不能用燃着的酒精灯去点燃另一只酒精灯，也不能用嘴吹气把火熄灭。酒精灯不用时用灯罩盖上即可把火熄灭，稍后再将灯罩提一下，可避免冷却后盖内产生负压而造成下次开盖困难。

2. 酒精喷灯

有挂式和座式两种，如图 3-5 和图 3-6 所示。

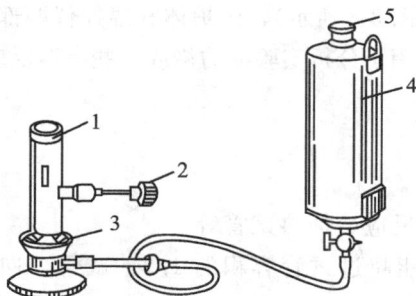

1—灯管；2—空气调节器；3—预热盘；

4—酒精储罐；5—储罐盖

图 3-5　挂式酒精喷灯

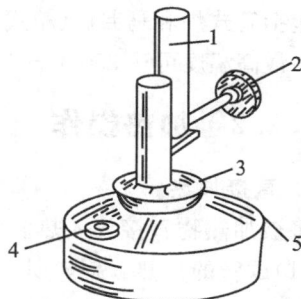

1—灯管；2—空气调节器；3—预热盘；

4—壶盖；5—酒精壶

图 3-6　座式酒精喷灯

挂式酒精喷灯由酒精储罐、灯座(由灯管、空气调节器、预热盘组成)和连接胶管组成。座式酒精喷灯由灯管、空气调节器、预热盘和酒精壶等组成,它们之间以焊接连成一体。加热温度可达 700 ℃~900 ℃,此温度可用于玻璃的简单加工或灼烧实验。

酒精喷灯以乙醇为燃料,加料量不宜超过灯体(座式)或储罐(挂式)的容积的 2/3;点火时先在预热盘内加少量的乙醇,点燃,使灯管受热至灯管内的乙醇汽化;当预热盘内的乙醇快烧完时,轻轻地旋开灯座上的阀门,乙醇气体喷出,遇高温而燃烧,喷嘴开始喷火。正常燃烧时火焰呈现浅蓝色或无色。当火焰出现黄色时说明酒精汽化不好,应立即将喷灯灯座上的喷气阀门关小(在刚刚出现黄色时),或者关闭灯座上的喷气阀门(当关小针阀黄色还没消退,或黄色火焰已出现一段时间时),以防发生火灾。若关闭灯座针阀,需待灯冷却后才能重新点火。

3. 电热套

如图 3-7 所示,由玻璃纤维包裹着电阻丝编织成"碗"状的凹套,由电压调节器控制其升温速度或温度的高低,其最高温度可达 400 ℃左右。由于它不是明火,受热均匀,热效率较高,常用于有机实验、无机实验的加热操作。

图 3-7 电热套

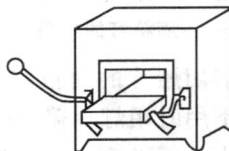

图 3-8 马弗炉

4. 高温炉

包括管式炉和马弗炉(箱式电阻炉,如图 3-8 所示),由炉体和温控仪两部分组成,最高温度可达 950 ℃~1 300 ℃,常用于分析实验的灼烧或一些高温反应。

3.2.2 加热操作

1. 直接加热

将被加热物直接放入热源中,如焰色反应、加热试管等。

(1)试管的加热:对液体,溶液量不能超过试管容积的 1/3,试管口向上倾斜,注意试管口不能对着别人或自己(图 3-9);对固体,试管口稍向下倾斜,试样尽量平铺在试管底部。加热时,先加热试管内液体的中上部,再加热底部,并上下移动。

图 3-9　加热试管中的液体　　　　　图 3-10　加热烧杯中的液体

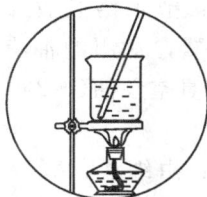

（2）烧杯、烧瓶的加热：烧杯、烧瓶中的液体一般放在电热套中加热，若用酒精灯加热，则应在烧杯、烧瓶的底部放一块石棉网使仪器受热均匀，烧瓶加热时还需要用铁夹将其固定。加热的液体量不应超过烧杯容积的 1/2 或烧瓶容积的 1/3。为避免暴沸，用烧杯加热时应加以搅拌，用烧瓶加热时可放入 1 粒～2 粒沸石。

（3）蒸发、浓缩与结晶：蒸发、浓缩与结晶是物质制备过程中常用的操作。将溶液的溶剂（如水）部分蒸发，溶液的浓度将增大，即溶液得到浓缩。将溶剂减少到一定程度，或将浓溶液降温冷却，将会有晶体析出，这就是结晶。需要蒸发到什么程度，则要视物质的溶解度而定，若物质的溶解度随温度变化不大，蒸发量就要较大，即出现结晶体后还要继续蒸发。若物质的溶解度随温度变化较大时，对溶解度本身较大的，蒸发至溶液表面出现晶膜，经冷却即可结晶；对溶解度本身较小的，则不必蒸至出现晶膜，就可冷却结晶。一般情况下，都不能蒸干溶剂。

2. 间接加热

先用热源加热介质，再由介质把热量传递给被加热物，这种方法也叫热浴。常用的热浴有水浴、油浴、沙浴等。

（1）水浴：水浴加热常用水浴锅（如图 3-11 所示）或烧杯盛水，恒温水浴槽则是用电加热并带有自动控温装置。水浴加热要求水的液面要略高于被加热容器内试样的液面。水浴加热的温度在 100 ℃以下。

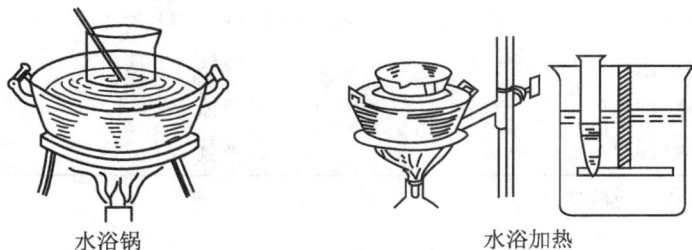

水浴锅　　　　　　　　　　　　水浴加热

图 3-11　水浴加热装置

（2）油浴：把水浴装置中的水换成油则成为油浴装置。油浴温度可达100 ℃～250 ℃，常用的油有甘油（～220 ℃）、液体石蜡（～200 ℃）、硅油（～250 ℃）、真空泵油（～250 ℃）等。为了安全起见，油浴时宜用电热套进行加热。

（3）沙浴：由细沙、盛沙铁盘、电炉、蒸发皿或坩埚组成。加热温度可达几百度。操作时把需要加热的器皿部分埋入细沙中（试样面略低于细沙面），测温时把温度计的感温球伸入器皿附近的细沙中，要注意温度计的量程。沙浴的特点是升温、降温慢。

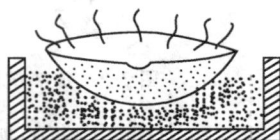

图 3-12　沙浴

间接加热的优点是加热均匀，升温平稳，并能使被加热物保持一定的温度。

3.2.3　冷却方法

冷却方法除了自然环境的冷却外，还可以根据实验要求，选择适宜的冷却剂（致冷剂）进行低温冷却。

致冷剂一般可分为水冷却剂、冰—水冷却剂、冰—无机盐冷却剂、干冰—有机溶剂冷却剂、低沸点的液态气体五大类。

水是最简单、经济而又方便的冷却剂，冷却温度接近室温。

冰—水冷却剂的致冷温度为 0 ℃。

冰—无机盐冷却剂的致冷温度为 0～−40 ℃。

干冰—有机溶剂冷却剂的致冷温度可达−70 ℃以下。

某些低沸点的液态气体的致冷温度更低，如液氦可达到−269 ℃。表 3-3 为常见致冷剂及其最低致冷温度。

表 3-3　常见致冷剂及其最低致冷温度

致冷剂	最低温度/℃	致冷剂	最低温度/℃
冰—水	0	$CaCl_2 \cdot 6H_2O$—冰（1∶1）	−29
NaCl—碎冰（1∶3）	−20	$CaCl_2 \cdot 6H_2O$—冰（1.25∶1）	−40
NaCl—碎冰（1∶1）	−22	液氨	−33
NH_4Cl—碎冰（1∶4）	−15	干冰	−78.5
NH_4Cl—碎冰（1∶2）	−17	液氮	−196

注：表中比值为质量比。

在低温操作时，要特别注意安全，防止冻伤事故发生，对液态氢、液态氧、有机溶剂冷却剂等，更应注意安全操作，以防燃烧、爆炸等事件的发生。

3.3 溶解、结晶、固液分离

3.3.1 固体的溶解

当固体物质溶解于溶剂时，如固体颗粒太大，可先在研钵中研细。对一些溶解度随温度升高而增加的物质来说，加热对溶解过程有利。加热时要盖上表面皿，要防止溶液剧烈沸腾和迸溅。加热后要用蒸馏水冲洗表面皿和烧杯内壁，冲洗时也应使水顺烧杯壁流下。搅拌可加速溶质的扩散，从而加快溶解速度。搅拌时注意手持玻璃棒，轻轻转动，使玻璃棒不要触及容器底部及器壁。在试管中溶解固体时，可用振荡试管的方法加速溶解，振荡时不能上下振荡，也不能用手指堵住管口来回振荡。

3.3.2 结晶

1. 蒸发（浓缩）

当溶液很稀而所制备的物质的溶解度又较大时，为了能从中析出该物质的晶体，必须通过加热，使水分蒸发、溶液浓缩到一定程度时冷却，方可析出晶体。若物质的溶解度较大时，必须蒸发到溶液表面出现晶膜时才可停止；若物质的溶解度较小或高温时溶解度较大而室温时溶解度较小，则不必蒸发到液面出现晶膜就可冷却。蒸发在蒸发皿中进行。蒸发浓缩时视溶质的性质选用直接加热或水浴加热的方法进行。若无机物对热是稳定的，可以用煤气灯直接加热（应先预热），否则用水浴间接加热。

2. 结晶与重结晶

析出晶体的颗粒大小与结晶条件有关。如果溶液的浓度较高，溶质在水中的溶解度是随温度下降而显著减小的，冷却得越快，析出的晶体就越细小，否则就得到较大颗粒的结晶。搅拌溶液和静止溶液可以得到不同的效果，前者有利于细小晶体的生成，后者有利于大晶体的生成。若溶液容易发生过饱和现象，可以用搅拌、摩擦器壁或投入几粒小晶体（晶种）等办法，使其形成结晶中心而结晶析出。

如果第一次结晶所得物质的纯度不合要求，可进行重结晶。其方法是在加热情况下使纯化的物质溶于一定量的水中，形成饱和溶液，趁热过滤，除去不溶性杂质，然后使滤液冷却，被纯化的物质即结晶析出，而杂质则留在母液中，过滤便得到较纯净的物质。若一次重结晶达不到要求，可再次结晶。重结晶是使不纯物质通过重新结晶而获得纯化的过程，它是提纯固体物质常用的重要方法之一，适用于溶解度随温度有显著变化的化合物。

3.3.3 固液分离及沉淀的洗涤

溶液与沉淀的分离方法有三种：倾析法、过滤法、离心分离法。

1. 倾析法

当沉淀的相对密度较大或结晶的颗粒较大，静止后能很快沉降至容器底部时，可用倾析法将沉淀上部的溶液倾入另一容器中而使沉淀与溶液分离，操作如图 3-13 所示。如需洗涤沉淀时，向盛沉淀的容器内加入少量水或洗涤液，将沉淀搅拌均匀，待沉淀沉降到容器的底部后，再用倾析法分离。反复操作 2～3 次，即能将沉淀洗净。要把沉淀转移到滤纸上，可先用洗涤液将沉淀搅起，

图 3-13　倾析法

将悬浮液倾倒在滤纸上，这样大部分沉淀就可从烧杯中移走，然后用洗瓶中的水冲下杯壁和玻璃棒上的沉淀，再行转移。

2. 过滤法

过滤法是固液分离较常用的方法之一。溶液和沉淀的混合物通过过滤器（如滤纸）时，沉淀留在过滤器上，溶液则通过过滤器，过滤后所得的溶液叫做滤液。溶液的黏度、温度、过滤时的压力及沉淀物的性质、状态、过滤器孔径大小都会影响过滤速度。溶液的黏度越大，过滤越慢，热溶液比冷溶液容易过滤，减压过滤比常压过滤快。如果沉淀呈胶体状态时，易穿过一般过滤器（滤纸），应先设法将胶体破坏（如用加热法）。常用的过滤方法有常压过滤、减压过滤和热过滤三种。

（1）常压过滤：使用玻璃漏斗和滤纸进行过滤。滤纸按用途分定性、定量两种；按滤纸的空隙大小，又分"快速""中速""慢速"三种。过滤时，把一圆形或方形滤纸对折两次成扇形（方形滤纸需剪成扇形），展开使之成锥形，恰能与60°角的漏斗相密合。

如果漏斗的角度大于或小于 60°，应适当改变滤纸折成的角度，使之与漏斗相密合。滤纸边缘应略低于漏斗边缘，然后在三层滤纸的那边将外两层撕去一小角，用食指把滤纸按在漏斗内壁上，用少量蒸馏水润湿滤纸，再用玻璃棒轻压滤纸四周，赶走滤纸与漏斗壁间的气泡，使滤纸紧贴在漏斗壁上。如图 3-14 所示。过滤时，漏斗要放在漏斗架上，并使漏斗管的末端紧靠接收器

内壁。先倾倒溶液，后转移沉淀，转移时应使用玻璃棒，使玻璃棒接触三层滤纸处，漏斗中的液面应低于滤纸边缘，如图 3-15 所示。如果沉淀需要洗涤，应待溶液转移完毕，再将少量洗涤液倒入沉淀上，然后用玻璃棒充分搅动，静止放置一段时间，待沉淀下沉后，将上层清液倒入漏斗。洗涤 2～3 遍，最后把沉淀转移到滤纸上。

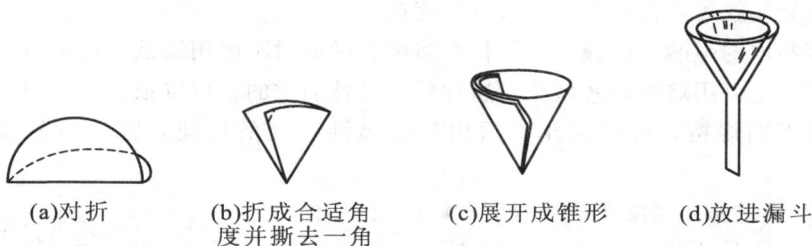

(a)对折　　(b)折成合适角　　(c)展开成锥形　　(d)放进漏斗
　　　　　　度并撕去一角

图 3-14　滤纸的折叠与安放

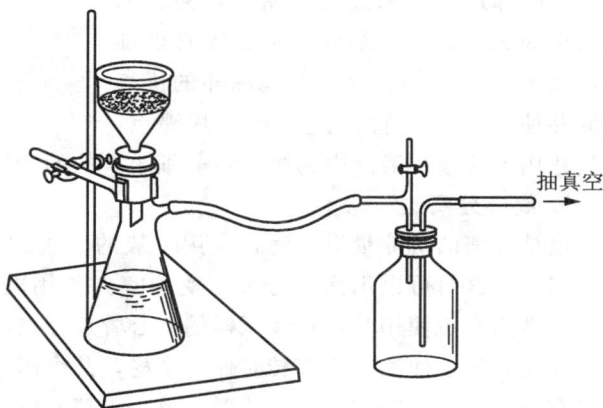

图 3-15　过滤　　　　　　　　图 3-16　减压过滤装置

　　（2）减压过滤（简称"抽滤"）：减压过滤装置如图 3-16 所示。减压过滤可缩短过滤时间，并可把沉淀抽得比较干燥，但它不适用于胶状沉淀和颗粒太细的沉淀的过滤。利用水泵中急速的水流不断将空气带走，从而使吸滤瓶内的压力减小，在布氏漏斗内的液面与吸滤瓶之间造成一个压力差，提高了过滤的速度。在连接水泵的橡皮管和吸滤瓶之间安装一个安全瓶，用以防止因关闭水阀或水泵后流速的改变引起自来水倒吸入吸滤瓶将滤液污染。在停止过滤时，应先从吸滤瓶上拔掉橡皮管，然后才关闭自来水龙头，以防止自来水倒吸入瓶内。抽滤用的滤纸应比布氏漏斗的内径略小，但又能把瓷孔全部盖住。将滤纸放入并润湿后，慢慢打开自来水龙头，先稍微抽气使滤纸贴紧，然后用玻璃棒往漏斗内转移溶液，注意加入的溶液不要超过漏斗容积的 2/3。开大水龙头，等溶液抽完后再转移沉淀。继续减压抽滤，直至沉淀抽干。滤毕，先拔掉橡皮管，再关水龙头。用玻璃棒轻轻揭起滤纸边缘，取出滤纸和沉淀，滤液则由吸滤瓶的上口倾出。洗涤沉淀时，应关小水龙头或暂停抽滤，加入洗涤剂使其与沉淀充分接触后，再开大水龙头将沉淀抽干。

有些浓的强酸、强碱和强氧化性溶液，过滤时不能用滤纸，可用石棉纤维来代替，也可用玻璃砂芯漏斗，这种漏斗是玻璃质的，可以根据沉淀颗粒的不同选用不同规格，这种漏斗不适用于强碱性溶液的过滤，因为强碱会腐蚀玻璃。

（3）热过滤：当溶质的溶解度对温度极为敏感易结晶析出时，可用热滤漏斗过滤（热过滤）。把玻璃漏斗放在金属制成的外套中，底部用橡皮塞连接并密封，夹套内充水至约 2/3 处，灯焰放在夹套支管处加热，如图 3-17 所示。这种热滤漏斗的优点是能够使待滤液一直保持或接近其沸点，

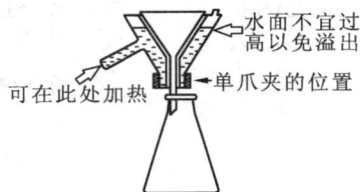

图 3-17　热过滤

尤其适用于滤去热溶液中的脱色炭等细小颗粒的杂质。缺点是过滤速度慢。

3. 离心分离法

当被分离的沉淀量很少时，使用一般的方法过滤后，沉淀会沾在滤纸上，难以取下，这时可以用离心分离。实验室内常用电动离心机（图 3-18）进行分离。电动离心机使用时，将装试样的离心管放在离心机的套管中，套管底部先垫些棉花，为了使离心机旋转时保持平稳，几个离心管放在对称的位置上，如果只有一个试样，则在对称的位置上放一支离心管，管内装等量的水。电动离心机转速极快，要注意安全。放好离心管后，应盖好盖子。先慢速后加速，停止时应逐步减速，最后任其自行停下，绝不能用手强制它停止。离心沉降后，要将沉淀和溶液分离时，左手斜持离心管，右手拿毛细滴管，把毛细管伸入离心管，末端恰好进入液面，取出清液，如图 3-19 所示。在毛细管末端接近沉淀时，要特别小心，以免沉淀也被取出。沉淀和溶液分离后，沉淀表面仍含有少量溶液，必须经过洗涤才能得到纯净的沉淀。为此，往盛沉淀的离心管中加入适量的蒸馏水或洗涤用的溶液，用玻璃棒充分搅拌后，进行离心分离。用毛细管将上层清液取出，再用上述方法操作 2～3 遍。

图 3-18　电动离心机

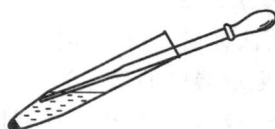

图 3-19　离心分离

3.4　定量分析常用仪器的使用

3.4.1　电子天平

电子天平是定量分析中不可缺少的精密称量工具，如图 3-20 所示。电子天平的型号和规格有很多，按其精度可分为普通天平[(0.1～1) g/(2～10) kg]、精密天平[1 mg/(110～1 000)g]、分析天平[0.1 mg/(120～220) g]、半微量天平[0.01 mg/(20～80) g]、微量天平[0.001 mg/(0.5～2) g]。电子天平一般具有多种功能，如自动故障检测、零位跟踪、防震、数据输出、单位转换等。常用的操作键有：开关("I/O")、清除键("CF")、校准/调整键("CAL")、除皮/调零键("TARE")。

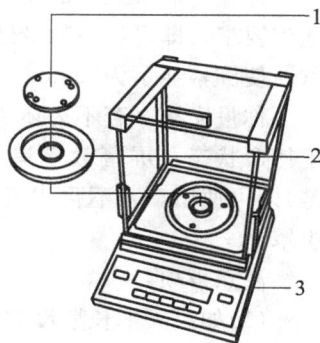

1—秤盘；2—屏蔽板；3—地脚螺栓

图 3-20　电子天平

1. 电子天平使用方法(以电子分析天平为例)

(1)水平调节：观察水平仪是否水平，如不水平，调节前面两个水平支脚使其达到水平状态。

(2)开机、预热：接通电源，屏幕右上角应显现"0"，预热 30 min 后天平才能正常使用。

(3)调零：按下开关("I/O"键)，屏幕出现"0.0000 g"，若非此值，按一下"TARE"键，天平进行自动调零，直到"0.0000 g"稳定显示。

(4)称量：天平经调零后，将被称物品轻轻放在秤盘中央位置上，此时屏幕计数在不断变化(数字没有单位)，当数字稳定并出现单位"g"后，即可记录称量结果。取出被称物，屏幕恢复到"0.0000 g"，此时可进行下一个物品的称量。

使用电子天平的除皮功能（"TARE"键），可使称量过程更快捷。

2. 称量方法

直接法称量：将盛样器皿（可以是称量纸）放在秤盘上，待屏幕数字稳定后（可以不记录器皿的质量），按一下"TARE"键，此时数据显示为"0.0000 g"，除皮工作完成。然后往盛样器皿中添加样品，当所加试样与指定的质量相差不到 10 mg 时，极其小心地将盛有试样的药勺伸向盛样器皿中心上方 2 cm～3 cm 处，勺柄端顶在掌心，拇指、中指握勺柄，以食指轻弹勺柄将试样慢慢抖入盛样器皿，直至屏幕数字显示与指定质量相等，称量完成。

差减法称量：不需要固定某一质量，只需确定称量的范围。其过程与直接法相似，先称（称量瓶＋试样）质量，按一下"TARE"键除皮，此时数据显示为"0.0000 g"，然后取出称量瓶向盛样器皿中敲出一定样品，再将称量瓶放在天平上称量，屏幕显示的质量（负值）就是取出样品的质量。当显示的质量（负值）达到要求，即可记录称量结果。若所需试样不止一份，则再按一下"TARE"键重新使屏幕显示为"0.0000 g"，重复上述操作可称得第二份试样。

称量完毕，若不久还要继续使用天平，则按一下开关（"I/O"键），天平处于待命状态，屏幕数字消失，左下角出现"0"。再称量时按一下开关（"I/O"键）即可使用。若不再用天平，则应按下开关（"I/O"键）并拔下电源，盖上防尘罩。

注意事项：

（1）如果天平长期没有使用，或者天平位置发生变动时，应对天平进行校准。其校准程序是：

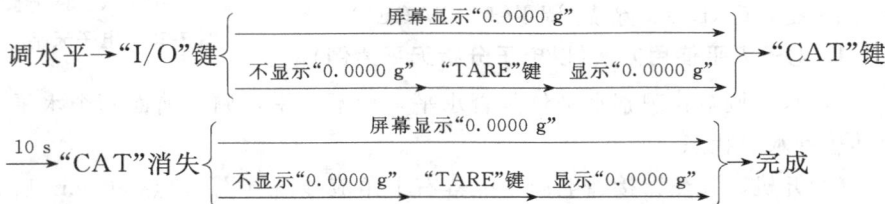

调水平→"I/O"键{屏幕显示"0.0000 g"/不显示"0.0000 g"→"TARE"键→显示"0.0000 g"}→"CAT"键

$\xrightarrow{10\ s}$"CAT"消失{屏幕显示"0.0000 g"/不显示"0.0000 g"→"TARE"键→显示"0.0000 g"}→完成

（2）经校准的天平不得发生位移，要求在取放物品、开关门时动作要轻缓，称量时应关闭天平门。

（3）不能直接将药品放在秤盘上称量。对易潮解、易氧化或易与二氧化碳发生反应的样品，应储存在称量瓶中密封，并用差减法进行称量。

（4）在添加（直接法）或抖出（差减法）样品时，应谨慎小心，切勿将样品撒落在盛样器皿之外的地方。

（5）电子天平有除皮功能，可免除繁杂的质量计算过程。

3.4.2 干燥器

有些容易吸水潮解的固体或灼烧后的坩埚等应放在干燥器（图 3-21）内，以防止吸收空气中的水分。

干燥器是一种有磨口盖子的厚质玻璃器皿，磨口上涂有一层薄薄的凡士林，以防水汽进入，并能很好地密合。干燥器的底部装有干燥剂（变色硅胶、无水氯化钙等），中间放置一块干净的开孔瓷板，用来承放被干燥物品。

图 3-21　干燥器

打开干燥器时，不应把盖子往上提，而应一只手扶住干燥器，另一只手从相对的水平方向小心移动盖子即可打开，并将盖子斜靠在干燥器旁，谨防滑动。取出物品后，按同样方法盖严，使盖子磨口边与干燥器吻合。搬动干燥器时，必须用两手的大拇指按住盖子，以防滑落而打碎。

3.4.3 滴定管的使用

滴定管是滴定操作中用来准确测量流出的操作溶液体积的量器（量出式仪器），如图 3-22 所示。

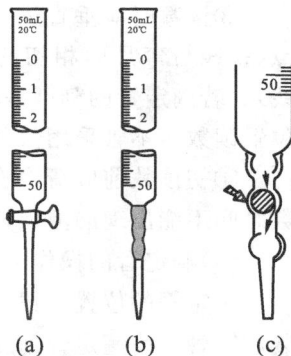

1. 类型

（1）按容积分（mL）：50、25、10、5、2、1。

（2）按形状分：酸式滴定管（装酸性和氧化性溶液）、碱式滴定管（装碱性溶液）。

（3）按颜色分：无色、棕色（装见光易分解的溶液）。

图 3-22　滴定管

2. 使用方法

（1）准备：包括检漏和洗涤。

检漏：酸式滴定管的检漏主要检查旋塞是否配套，旋塞是否已涂油脂，有无漏液等；碱式滴定管的检漏主要检查乳胶管和玻璃球是否完好。

洗涤：根据沾污程度选用不同的清洗剂。程序为：清洗剂（5 mL～10 mL）浸泡→自来水冲洗→蒸馏水润洗（2～3 次，每次 5 mL～10 mL）→待装溶液润洗（2～3 次，每次 3 mL～5 mL）。注意不要漏洗旋塞（或玻璃球塞）以下的部位。

（2）装液与排气

装液：将待装液摇匀，用左手前三指持滴定管上部无刻度处，右手拿细口瓶直接将待装液注入滴定管，直至液面到"0"刻度以上（不得借助烧杯或漏斗来移）。

排气：检查滴定管的出口管是否充满溶液。酸式滴定管的排气方法是：准备好烧杯承接流出液，左手迅速打开旋塞使溶液把气泡冲出；碱式滴定管的排气方法是：左手的拇指和食指拿住玻璃球部位并使胶管向上弯曲，在往上倾斜的出口管（尖嘴）下用烧杯准备承接溶液，然后左手的拇指和食指在玻璃球球心（或稍偏上）的部位往一旁轻轻捏乳胶管使溶液将气泡排出（不能在玻璃球心偏下部位挤捏，否则松开手后会从管口吸入气体，造成体积误差）。

（3）滴定管读数注意事项

①初读数应在刻度"0"附近，终读数的最大值一般要比滴定管容积小 0.5 mL～1 mL，以免超过滴定管的最大容积。

②装入或放出溶液后，必须等 1 min～2 min 后再读数。每次读数前应检查管内壁是否挂水珠，管尖是否有气泡。

③读数时应垂直放置滴定管，对无色或浅色溶液，应读取弯月面下缘最低点（视线与弯月面相切的平面平齐）；对深色溶液，可读取液面最高面（壁缘线）。若滴定管的刻度是乳白板蓝线衬背的，则当取蓝线上下两尖端相对点的位置读数。不管采用何种方法，初读数和终读数要用同一标准。

④初读数前应清除管尖悬挂的溶液，滴定至终点时应立即关闭，在两个读数之间不能出现漏液现象。

（4）滴定管的操作

①定管的位置：把干净的锥形瓶放在实验台面（或白瓷板）上，用滴定架安装滴定管，使滴定管刻度面向实验者，滴定管的尖嘴比锥形瓶高 1 cm～2 cm。操作时锥形瓶底离瓷板 2 cm～3 cm，滴定管尖嘴伸入瓶口约 1 cm。

②操作：左滴右摇。使用酸式滴定管时，左手用前三个手指控制旋塞，让溶液逐滴滴下，右手握住锥形瓶瓶颈，以滴定管口为圆心做圆周运动摇匀混合液。滴定速度开始时可稍快些，接近终点（局部出现指示剂颜色转变）时，每加 1 滴都要充分摇动，并注意液滴落点周围颜色的变化，最后采用半滴半滴地加入。半滴加入法操作如下：微微旋动旋塞，使溶液悬挂在出水管嘴上，形成半滴，用锥形瓶内壁将其沾落，再用少量蒸馏水将液滴洗入溶液中。

③滴定结束后，应将滴定管的溶液弃去，随即洗净滴定管，倒挂在滴定管架台上。

3.4.4 吸管

吸管是用来准确移取一定体积液体的量器（量出式容器）。

1. 类型

(1)无分度吸管——移液管。状为中腰膨大，上下端细长，上端刻有环形标线。当管内液面与标线相切，则放出的溶液体积就等于管上标示的容积。

(2)分度吸管——吸量管。以准确量取所需要的刻度范围内某一体积的溶液。

2. 洗涤

洗涤程序为：吸入清洗剂(1/3 容积)浸泡(如果需要)→自来水冲洗→蒸馏水润洗(2~3 次，每次 5 mL~10 mL)→待装溶液润洗(2~3 次，每次 3 mL~5 mL)。

3. 移取

右手拇指和中指拿住吸管上端，让食指能方便地按压管口，把吸管的尖嘴插入溶液中(在移液过程中保持尖嘴在液面之下 1 cm~2 cm 深度)，用洗耳球把溶液吸至稍高于刻度处，迅速用食指按住管口，取出吸管，使尖嘴靠着储瓶口，用拇指和中指轻轻转动吸管，并减轻食指的压力，让溶液慢慢流出，至溶液弯月面下缘与刻度相切(平视刻度)时，立即按紧食指。然后将准备接收溶液的容器倾斜成 45°角，将吸管出口移入容器内并使之垂直，管尖靠着容器内壁，放开食指让溶液自由流出。流完后(残存液液面不再下降)再等 15 s，取出吸管，移取完毕。除非吸管上标有"吹"字，否则切勿把残留在管尖的溶液吹出。

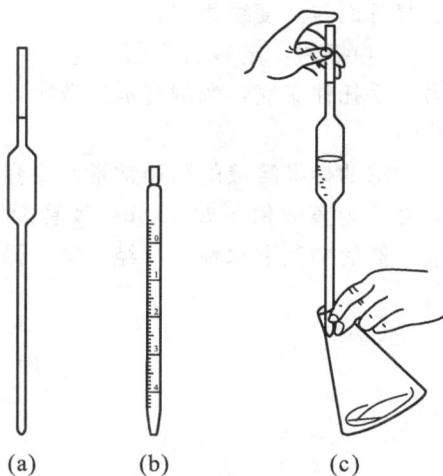

(a)　　　(b)　　　(c)

图 3-23　吸管的操作

吸管用毕应洗净，放在吸管架上。

3.4.5　容量瓶

主要用来把精密称量的物质准确地配成一定体积的溶液，或将准确体积的浓溶液稀释成准确体积的稀溶液(定容)(属于量入式仪器)。

1. 仪器洗涤

洗涤程序为：清洗剂(1/3 容积)振荡→自来水冲洗→蒸馏水润洗(2~3 次，

每次 5 mL～10 mL)。

2. 配制溶液(以固体为例)

(1)溶解:将准确称量后的固体放入烧杯中,用少量蒸馏水(或适当的溶剂)使之溶解。

(2)转移:将溶解后的溶液定量地转移到容量瓶中。转移操作是:用玻璃棒下端轻轻靠住瓶颈内壁,使溶液顺玻璃棒沿瓶壁流下,溶液流完后,将烧杯轻轻顺玻璃棒上提,使附在玻璃棒、烧杯嘴之间的溶液滴回到烧杯中,再用少量蒸馏水淋洗玻璃棒、烧杯数次,每次都将洗涤液转移到容量瓶中。

图 3-24　容量瓶

(3)定容:将溶液全部转移完后,加蒸馏水稀释,当加至容积 2/3 处时,旋摇容量瓶使溶液均匀,加至刻度线下约 1 cm 时,可用滴管滴加,直至溶液的弯月面与刻度线相切。

(4)摇匀:定容后塞紧瓶塞,一手的食指压住瓶塞,其余手指握住瓶颈,另一手托住瓶底,颠倒容量瓶数次,依靠瓶内气泡和溶液的密度差将溶液混合均匀。

浓的标准溶液的稀释常常需要容量瓶和吸管配合使用,容量瓶与吸管的容积之比为整数倍,如 25 mL 吸管配 250 mL 容量瓶。稀释时用吸管移取浓溶液,然后加蒸馏水稀释,经定容、摇匀即可。

第 4 章　化学技能及无机化学实验

实验 1　基本操作实验

一、实验目的

1. 掌握量筒、滴定管、吸管、容量瓶等玻璃量器的使用。
2. 了解酸碱滴定的原理并掌握酸碱滴定操作。
3. 学习托盘天平、电子天平等称量仪器的使用，掌握试样的称取方法。
4. 了解实验室的加热仪器，掌握常用的加热操作。

二、实验原理

标准溶液是指浓度确切已知并可用来滴定的溶液。基准物质(基准试剂)可以直接用来配制标准溶液，除此之外的其他物质的标准溶液则只能用间接法来配制，即先配制近似于所需浓度的溶液，然后用基准物质或标准溶液来标定其准确浓度。如需要配制标准的 HCl 溶液($0.100\ 0\ mol \cdot L^{-1}$)时，可以酚酞作为指示剂，用 $0.100\ 0\ mol \cdot L^{-1}$ NaOH 标准溶液标定所配溶液，得到 HCl 溶液的准确浓度。其化学计量关系为：

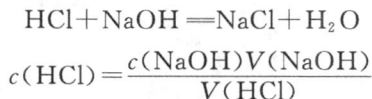

$$HCl + NaOH = NaCl + H_2O$$

$$c(HCl) = \frac{c(NaOH)V(NaOH)}{V(HCl)}$$

这里需要说明的是，HCl 和 NaOH 的浓度记为"$0.100\ 0\ mol \cdot L^{-1}$"，并非是它们的实际浓度，而是指它们的浓度在 $0.1\ mol \cdot L^{-1}$ 左右，但要求准确至小数点后 4 位数。

标准溶液的配制和标定常常需要用到容量瓶、移液管、滴定管等玻璃量器。

实验室最常见的称量仪器是托盘天平，最方便而又精密的是电子天平。最常见的加热仪器是酒精灯和电热套。

三、仪器与试剂

仪器：25 mL 滴定管(酸式、碱式)、10 mL 移液管、100 mL 容量瓶、锥形瓶、洗瓶、台秤、电子天平(1 台)、表面皿、试管、烧杯、药勺、酒精灯、

电热套、试管夹、酒精喷灯(1套)

　　试剂：1 mol·L^{-1}的 HCl 溶液、0.100 0 mol·L^{-1} NaOH 溶液、固体硫酸铜、0.1 mol·L^{-1} FeCl$_3$ 溶液、1‰酚酞溶液

四、实验步骤

　　1. 用 10 mL 移液管移取 10 mL 1 mol·L^{-1} HCl 溶液于 100 mL 容量瓶中，将之稀释为 0.1 mol·L^{-1} HCl 溶液，然后以酚酞作为指示剂，用 0.100 0 mol·L^{-1} NaOH 标准溶液标定所配溶液，进而推算出原盐酸溶液的准确浓度。

　　2. 用托盘天平称量出表面皿的质量。

　　3. 用试管加热少量固体硫酸铜。

　　4. 用试管加热少量 0.1 mol·L^{-1} FeCl$_3$ 溶液。

　　5. 教师演示电子天平的称量。

五、思考题

　　1. 滴定管、移液管和容量瓶三者的洗涤方法有何异同？锥形瓶是否也要用待装溶液润洗或干燥？

　　2. 用容量瓶配制好的溶液，最后液面的弯月面是否与刻度线相切？为什么？

　　3. 试述电子天平的称量步骤和校准程序。

实验 2　固液分离技术、重结晶及熔点测定

一、实验目的

　　1. 掌握几种常见的固液分离方法。

　　2. 学习重结晶法提纯固体有机化合物的原理和方法。

　　3. 了解测定熔点的意义(测定有机化合物的熔点，判断化合物的纯度)，掌握用显微熔点测定仪测熔点的方法。

二、实验原理

1. 固液分离的基本技术

（1）倾析法

当沉淀的相对密度较大或晶体颗粒较大时，静置后能较快沉降至容器底部，可用倾析法进行分离和洗涤。

（2）过滤法

把液体和不溶性固体的混合物分开的操作叫做过滤。它是分离液体和固体的常用方法。根据生成的沉淀物性质和实验要求不同，过滤可以分为常压过滤、减压过滤、热过滤、冷过滤。

①常压过滤：最常见的过滤方法。它使用玻璃漏斗和滤纸进行过滤。根据要过滤的沉淀物多少，选择大小合适的漏斗、滤纸。

②减压过滤（抽气过滤或抽滤）：减压过滤就是利用一些设备使滤纸上方的压力大于滤纸下方的压力，从而缩短过滤所需时间，加快过滤速度的过滤方法。

③热过滤：若在室温下溶液中的溶质便能结晶析出，而在实验中不希望发生此种现象，就要使用热过滤。

（3）离心分离法

当被分离的沉淀物量较少时，可用离心分离法。

2. 重量分析的基本操作

重量分析主要用于如硅、硫、磷、钨等元素含量较高试样的分析，一般需要将待测元素转化为难溶物沉淀，经过滤、洗涤、干燥恒重后得到其质量，从而求出被测组分的含量。重量分析法的操作过程较长，试样的称取及溶解等操作与其他方法相同，只是应该注意，称取试样的量应不使得到的沉淀过多或过少，一般晶形沉淀不超过 0.5 g，非晶形沉淀不超过 0.2 g。其主要的步骤为：沉淀的制备→沉淀的过滤和洗涤→沉淀的灼烧和恒重。

（1）沉淀的制备：称量试样并溶解→搅拌下滴加沉淀剂→沉淀完全。

（2）沉淀的过滤和洗涤：滤纸的折叠与安放→沉淀的过滤与洗涤→沉淀的转移。

（3）沉淀的灼烧和恒重：坩埚的准备→沉淀的包裹→沉淀的灼烧。

3. 重结晶

从有机合成反应分离出来的固体粗产物往往含有未反应的原料、副产物及杂质，必须加以分离纯化，重结晶是分离提纯固体化合物的一种重要的、常用的方法。固体化合物在溶剂中的溶解度随温度变化而变化，一般温度升高溶解度增加，反之则溶解度下降。如果把固体化合物溶解在热的溶剂中制成饱和溶液，然后冷却至室温或室温以下，则溶解度下降，这时就会有结晶固体析出。利用溶剂对被提纯物质和杂质的溶解度不同，使杂质在热过滤过程中被滤除或冷却后留在母液中与结晶分离，从而达到提纯目的。它适用于产品与杂质性质差别较大、产品中杂质含量小于 5% 的体系，杂质含量过多，常会影响提纯效果，须经多次重结晶才能提纯。

(1)溶剂的选择

①不与待提纯物质起反应。

②待提纯的化合物溶解度高温时大，低温时小，能得到较好的结晶。

③对杂质的溶解度非常大(留在母液中)或非常小(热过滤除去)。

④溶剂的沸点不宜过高或过低：过低溶解度改变不大，不易操作；过高则晶体表面的溶剂不易除去。

⑤安全、低毒、易回收。

(2)实验步骤

①制备热溶液：将适量的试样及计量的水加入烧杯中，加热至沸腾，并用玻璃棒不断搅拌，直到试样溶解(若不溶解可添加适量热水，搅拌并加热至接近沸腾使其溶解)。移去热源，取下烧杯稍冷后再加入少量(约 0.1 g)活性炭于溶液中，搅拌后煮沸 5 min～10 min。

②趁热过滤。

③结晶的析出、分离和洗涤：滤液放至彻底冷却，待晶体析出，减压过滤，吸干，使结晶与母液尽量分开。停止吸滤，在布氏漏斗中加入少量溶剂，使晶体润湿，用玻璃棒搅松晶体，减压吸干，并用少量溶剂(水)洗涤晶体 1～2 次。

④称量、计算回收率。

(3)实验装置

①热过滤装置(见图 3-17)。

②减压过滤装置(见图 3-16)。

(4)注意事项

①溶剂用量影响产品纯度与收率，因此应先加入比按溶解度计算量稍少些的溶剂，加热煮沸。若未全溶，可分批添加溶剂，每次均应加热煮沸至样品溶解，溶剂用量一般比需要量多 15%～20%，容积过量造成溶质损失，影响收率；溶剂过少，热过滤时因挥发、降温而使溶液过饱和，在滤纸上析出晶体，收率亦低。

②加活性炭脱色除去有色杂质时，待化合物全部溶解以后，稍冷再加入活性炭，以免引起暴沸；加入活性炭的量一般为粗品质量的 1%～5%，加入量过多，活性炭将吸附一部分纯产品，加入量少，脱色不彻底。

③停止抽滤时先将抽滤瓶与抽滤泵间连接的橡皮管拆开，或者将安全瓶上的活塞打开与大气相通，再关闭泵，防止水倒流进抽滤瓶内。

4. 熔点的测定

晶体化合物的固液两态在大气压力下成平衡时的温度称为该化合物的熔点。

纯粹的固体有机化合物一般都有固定的熔点，即在一定的压力下，固液两态之间的变化是非常敏锐的，自初熔至全熔(熔点范围称为熔程)，温度不超过 0.5 ℃～1 ℃。如果该物质含有杂质，则其熔点往往较纯粹者为低，且熔程较长。故测定熔点对于鉴定纯粹有机物和定性判断固体化合物的纯度具有很大的价值。

(1)测定方法

测定熔点的仪器主要有 3 种：提勒式、双浴式(图 4-1)及电热式显微熔点测定仪。

①提勒式

样品的装入：放少许(约 0.1 g)待测熔点的干燥样品于干净的表面皿上，用玻璃棒或不锈钢刮刀将它研成粉末并集成一堆。将熔点管开口端向下插入粉末中，然后把熔点管开口端向上，轻轻地在桌面上敲击，以使粉末落入和填紧管底。或者取 1 支长 30 cm～40 cm 的玻璃管，垂直于一干净的表面皿上，将熔点管从玻璃管上端自由落下，可更好地达到上述目的。为了要使管内装入高 2 mm～3 mm 紧密结实的样品，一般需如此重复数次。沾于管外的粉末须拭去，以免沾污加热浴液。要测得准确的熔点，样品一定要研得极细，装得密实，使热量的传导迅速均匀。对于蜡状的样品，为了解决研细及装管的困难，只得选用较大口径(2 mm 左右)的熔点管。

将装好样品的毛细管用橡胶圈固定在温度计上，使样品部分紧靠在水银球的中部(图 4-2)，将温度计用一个有开口(用刀割出口)的单孔塞子固定住，安放在熔点器试管上。开口的塞子便于观察温度计的读数，也能防止管中的空气受热膨胀而使温度计冲出。

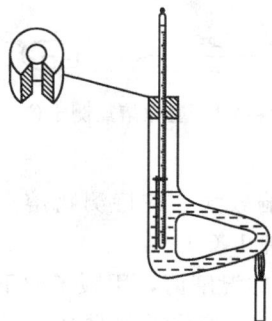

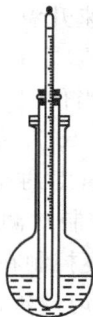

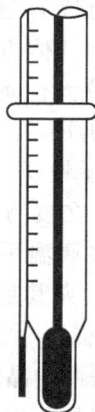

图 4-1　熔点测定器　　　　　　　　图 4-2　毛细管安装法

②双浴式

③电热式显微熔点测定仪

a. 对新购买的仪器，最好先用熔点标准药品进行测量标定。

b. 对待测物进行干燥处理：把待测物品研细，用烘箱直接快速烘干（温度应控制在待测物品的熔点温度以下）。

c. 将热台放置在显微镜底座 $\Phi100$ 孔上，并使放入盖玻片的端口位于右侧，以便于取放盖玻片及药品。

d. 将热台的电源线接入调压测温仪后侧的输出端，并将温度极插入热台孔，将调压测温仪的电源线与 AC 220 V 的电源相连。

e. 取两片盖玻片，用蘸有乙醚（或乙醚与酒精混合液）的脱脂棉擦拭干净。晾干后，取适量（不超过 0.1 mg）待测物品放在一载玻片上并使药品分布薄而匀，盖上另一载玻片，轻轻压实，然后放置在热台中心。

f. 盖上隔热玻璃。

g. 松开显微镜的升降手轮，上下调节显微镜，直到从目镜中能看到熔点热台中央的待测物品的轮廓时锁紧该手轮；然后调节调焦手轮，直至能清晰地看到待测物品的像为止。

h. 打开调压测温仪的电源开关。（注意：测试操作过程中，熔点热台属高温部件，一定要使用镊子夹持放入或取出熔点品，严禁用手触摸，以免烫伤）

i. 根据被测熔点品的温度值，通过调节"升温电压宽量调整"调控温度手钮和"升温电压容量调整"调控温度手钮，以期达到在测物质熔点的过程中，前段升温迅速，中段升温渐慢，后段升温平缓。具体方法如下：先将两调温手钮顺时针调到较大位置，使热台快速升温。当温度接近待测物质熔点温度以下 40 ℃左右时（中段），将调温手钮逆时针调节至适当位置，使升温速度减慢。在被测物熔点值以下 10 ℃左右时（后段），调整调温手钮控制升温速度约每分钟

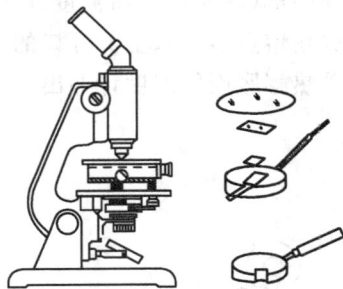

图 4-3 显微熔点测定仪

1 ℃。（注意：尤其是后段升温的控制对测量精度影响较大，在待测物熔点值以下 10 ℃左右，一定要将升温速度控制在大约每分钟 1 ℃）

j. 观察被测物品的熔化过程，记录初熔和全熔时的温度值，用镊子取下隔热玻璃和盖玻片，即完成 1 次测试。如需重复测试，只需将散热器放在热台上，电压调为零或切断电源，使温度降至熔点值以下 40 ℃即可。

k. 对已知熔点的物质，可根据所测物质的熔点值及测温过程（参照 i），适当调节调温旋钮，实现测量；对未知熔点的物质，可先用中、较高电压快速粗测 1 次，找到物质熔点的大约值，再根据该值适当调整和精细控制测量过程（参照 i），最后实现较精确测量。

l. 测试完毕，应及时切断热源，待热台冷却后，方可将仪器按规定装入包装。

m. 用过的载玻片可用乙醚擦拭干净，以备下次使用。

（2）注意事项

①用熔点测定仪测熔点时，取放盖玻片和隔热玻璃时，一定要用镊子夹持，严禁用手触摸，以免烫伤（因熔点热台属高温部件）。

②控制升温速度，开始稍快，接近熔点时渐慢。

③样品要研细、混合均匀，使热量传导迅速均匀。

三、仪器与试剂

仪器：布氏漏斗、烧杯、酒精灯、抽滤瓶、减压过滤装置、显微熔点测定仪、温度计（100 ℃、200 ℃）

试剂：粗制的乙酰苯胺、活性炭

四、实验步骤

1. 将 2 g 粗制的乙酰苯胺及计量的水加入 100 mL 的烧杯中，制备热溶液，进行重结晶操作。

表 4-1 乙酰苯胺在水中的溶解度与温度的关系

温度/℃	10	20	30	40	50	60	70	80	100
溶解度/(g/100 g 水)	0.51	0.52	0.66	0.95	1.35	1.96	2.66	3.5	5.2

2. 用显微熔点测定仪对精制的乙酰苯胺进行熔点的测定。

五、思考题

1. 加活性炭脱色应注意哪些问题？

2. 用水重结晶纯化乙酰苯胺时（常量法），在溶解过程中有无油珠状物出现？是什么？如有油珠出现应如何处理？

3. 加热的快慢为什么会影响熔点的测定？在什么情况下加热可以快一些，而在什么情况下加热则要慢一些？

实验 3　蒸馏与分馏

一、实验目的

1. 理解蒸馏和分馏的基本原理及应用范围。
2. 熟练掌握蒸馏装置的安装和使用方法。
3. 掌握分馏柱的工作原理和常压下的简单分馏操作方法。

二、实验原理

当液态物质受热时蒸气压增大，待蒸气压大到与大气压或所给压力相等时液体沸腾，即达到沸点。所谓蒸馏就是将液态物质加热到沸腾变为蒸气，又将蒸气冷却为液体这两个过程的联合操作。

分馏则是指：如果将两种挥发性液体混合物进行蒸馏，在沸腾温度下，其气相与液相达成平衡，出来的蒸气中含有较多量易挥发物质的组分，将此蒸气冷凝成液体，其组成与气相组成等同（即含有较多的易挥发组分），而残留物中却含有较多量的高沸点组分（难挥发组分），这就是进行了一次简单的蒸馏。

如果将蒸气凝成的液体重新蒸馏，即又进行一次气液平衡，再度产生的蒸气中，所含的易挥发物质组分又有增高，同样，将此蒸气再经冷凝而得到的液体中，易挥发物质的组成当然更高，这样我们可以利用一连串的有系统的重复蒸馏，最后能得到接近纯组分的两种液体。

应用这样反复多次的简单蒸馏，虽然可以得到接近纯组分的两种液体，但是这样做既浪费时间，且在重复多次蒸馏操作中的损失又很大，设备复杂，所以，通常是利用分馏柱进行多次气化和冷凝，这就是分馏。

在分馏柱内，当上升的蒸气与下降的冷凝液相接触时，上升的蒸气部分冷凝放出热量使下降的冷凝液部分气化，两者之间发生了热量交换，其结果是，上升蒸气中易挥发组分增加，而下降的冷凝液中高沸点组分（难挥发组分）增加，如果继续多次，就等于进行了多次的气液平衡，即达到了多次蒸馏的效果。这样靠近分馏柱顶部易挥发物质的组分含量高，而在烧瓶里高沸点组分（难挥发组分）的含量高。这样只要分馏柱足够高，就可将这种组分完全彻底分开。工业上的精馏塔就相当于分馏柱。

当蒸馏沸点高于 140 ℃的物质时，应该使用空气冷凝管。为了清除在蒸馏过程中的过热现象和保证沸腾的平稳状态，常加入沸石，能防止加热时的暴沸现象，因此沸石称为止暴剂，又叫助沸剂。值得注意的是，不能在液体沸腾时加入止暴剂，也不能使用已经用过的止暴剂。

蒸馏及分馏效果的好坏与操作条件有直接关系，其中最主要的是控制馏出液的流出速度，以 $1\sim2$ 滴·s^{-1} 为宜（$1\ mL·min^{-1}$），不能太快，否则达不到分离要求。

如果维持原来的加热程度，不再有馏出液蒸出，温度突然下降时，就应停止蒸馏，即使杂质量很少也不能蒸干，特别是蒸馏低沸点液体时更要注意不能蒸干，否则易发生意外事故。蒸馏完毕，先停止加热，后停止通冷却水，拆卸仪器的程序和安装时相反。

要很好地进行分馏，必须注意下列几点：

（1）要使有相当量的液体沿柱流回烧瓶中，即要选择合适的回流比，使上升的气流和下降液体充分进行热交换，使易挥发组分尽量上升，难挥发组分尽量下降，分馏效果更好。

（2）必须尽量减少分馏柱的热量损失和波动。柱的外围可用石棉绳包住，这样可以减少柱内热量的散发，使加热均匀，分馏操作平稳地进行。

三、仪器与试剂

仪器：100 mL 圆底烧瓶、150 ℃温度计、100 mL 蒸馏瓶、15 mL 量筒、接液管、蒸馏头、直形冷凝管、100 mL 锥形瓶、韦氏分馏柱、电热套

试剂：丙酮、沸石

四、实验步骤

1. 蒸馏

样品：15 mL 丙酮和 15 mL 水的混合物。

将丙酮和水各 15 mL 的混合液放置于 100 mL 的蒸馏瓶中，加入 $1\sim2$ 粒沸石，如图 4-4 所示安装仪器，并准备用 3 个 15 mL 的量筒作为接收器，按 A：56 ℃～62 ℃，B：62 ℃～98 ℃，C：98 ℃～100 ℃分别收集 3 个馏分。开始缓慢加热（调节电热套的电压约为 70 V～100 V），至馏出第一滴馏出液时记录下温度（即为初馏点），并使馏出液以 $1\sim2$ 滴·s^{-1} 的速度蒸出。按表 4-2 所列格式记录实验数据，即馏出液每增加 2 mL 记录 1 个温度（馏出液体积与温度的关系）；当温度升至 62 ℃时，换取第二个量筒接收（这种操作称为切割馏分），并记录下 A 段馏出液体积；依此类推，升至 98 ℃时用第三个量筒接收，并记录 B 段馏出液体积；直至蒸馏瓶残存液约 2 mL～3 mL 为止。记录 C 段馏分体积，拆卸装置，将烧瓶中的残留液倒入量筒并量出其体积，记录于表 4-2 中。

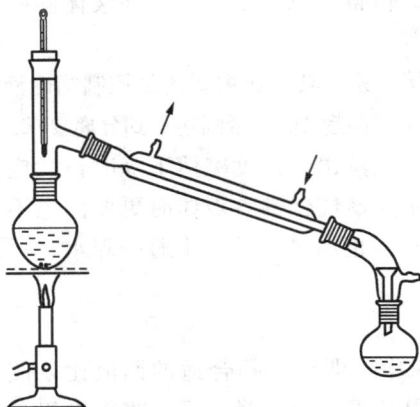

图 4-4　蒸馏装置

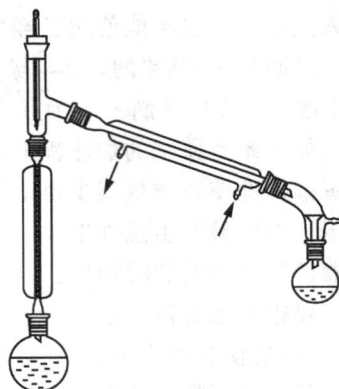

图 4-5　分馏装置

2. 分馏

样品：15 mL 丙酮和 15 mL 水的混合物。

将丙酮和水各 15 mL 的混合液放置于 100 mL 的蒸馏瓶中，加入 1～2 粒沸石，如图 4-5 所示安装仪器，并准备用 3 个 15 mL 的量筒作为接收器，按 A：56 ℃～62 ℃，B：62 ℃～98 ℃，C：98 ℃～100 ℃分别收集 3 个馏分。开始缓慢加热(调节电热套的电压约为 100 V～150 V)，至馏出第一滴馏出液时记录下温度(即初馏点)，并使馏出液以 1～2 滴·s⁻¹ 的速度蒸出。实验数据记录于表 4-2 中。

五、数据处理

表 4-2　数据记录表

温度/℃　　体积/mL	蒸馏			分馏		
	A(56~62)	B(62~98)	C(98~100)	A(56~62)	B(62~98)	C(98~100)
初馏点						
2						
4						
6						
8						
10						
12						

续表

温度/℃	蒸馏			分馏		
体积/mL	A(56～62)	B(62～98)	C(98～100)	A(56～62)	B(62～98)	C(98～100)
14						
总馏出液体积						
残余液体积						

以馏出液体积为横坐标，馏出温度为纵坐标，将蒸馏、分馏的实验结果绘成沸腾曲线图。并讨论蒸馏、分馏操作的分离效果。

六、思考题

1. 蒸馏或分馏操作时加入沸石的作用是什么？如果蒸馏前忘记加沸石，能否立即将沸石加至将近沸腾的液体中？当重新蒸馏时，用过的沸石能否继续使用？

2. 为什么蒸馏时最好控制馏出液的速度为 1～2 滴·s^{-1}？若加热太快，馏出液大于 1～2 滴·s^{-1}（每秒的滴数超过要求量），用分馏分离两种液体的能力会显著下降，为什么？

3. 如果液体具有恒定的沸点，那么能否认为它是单纯物质？

实验 4　萃取、洗涤与干燥

一、实验目的

1. 学习萃取法的基本原理和方法。
2. 学习分液漏斗的使用方法。
3. 学习使用干燥剂干燥液体有机物的方法。

二、实验原理

萃取和洗涤是利用物质在不同溶剂中的溶解度不同来进行分离的操作。萃取和洗涤在原理上是一样的，只是目的不同。从混合物中提取的物质，如果是我们需要的，这种操作叫做萃取或提取；如果是我们不需要的，这种操作叫做洗涤。

另外一类萃取原理是利用萃取剂能与被萃取物质起化学反应。这种萃取通常用于从化合物中移去少量杂质或分离混合物。碱性的萃取剂可以从有机相中移出有机酸，或从溶于有机溶剂的有机化合物中除去酸性杂质（使酸性杂质形成钠盐溶于水中）；稀盐酸及稀硫酸可从混合物中萃取出有机碱性物质或用于除去碱性杂质；浓硫酸可应用于从饱和烃中除去不饱和烃，从卤代烷中除去醇及醚等。

1. 分液漏斗的使用方法

（1）在使用分液漏斗前必须仔细检查玻璃塞和活塞是否紧密配套。然后在活塞孔两边轻轻地抹上一层凡士林，插上活塞旋转一下，再看是否漏水。

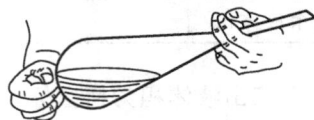

（2）将漏斗放于固定在铁架台上的铁圈中，关好活塞，将要萃取的水溶液和萃取剂

图 4-6 分液漏斗及其使用方法

（一般为溶液体积的 1/3）依次从上口倒入漏斗中，塞紧塞子。

（3）取下分液漏斗，用右手撑顶住漏斗顶塞并握漏斗，左手握住漏斗活塞处，大拇指压紧活塞，把漏斗放平，旋转振摇，振摇几次后，将漏斗的上口向下倾斜，下部的支管指向斜上方（朝无人处），左手仍握在活塞支管处，用拇指和食指旋开活塞放气（释放漏斗内的压力），如此重复几次，将漏斗放回铁圈中静置。待两层液体完全分开后，打开上面的玻璃塞，再将活塞缓缓旋开，下层液体自活塞放出，然后将上层液体从分液漏斗的上口倒出（切记）。将水溶液倒回分液漏斗，再用新的萃取剂萃取。

2. 液体有机化合物的干燥

干燥是用来除去固体、液体或气体中含有的少量水分或溶剂的方法。它是实验室中最常用的操作之一。

（1）干燥剂的选择

①不与该物质发生化学反应或催化作用，不溶于该液体中。

②考虑干燥剂的干燥效能、干燥容量及价格。

③对未知液体的干燥，通常用化学惰性的干燥剂，如无水硫酸钠和无水硫酸镁。

（2）干燥剂的用量

一般干燥剂的用量为每 10 mL 液体 0.5 g～1 g，但由于含水量不等、干燥剂质量的差异，以及干燥剂颗粒大小和干燥时温度的不同等因素，很难规定具体用量。操作时一般可先投入少量干燥剂到液体中进行振摇，如发现干燥剂附着瓶壁或互相黏结，则说明干燥剂不够，应继续添加。如投入干燥剂后出现水相，必须用吸管将水吸出，然后再添加新的干燥剂。有时干燥前的液体呈浑浊状，经干燥后变为澄清，这可简单地作为水分基本除去的标志。但澄清的液体并不一定说明它已不含水分，因为这还与水在该物质中的溶解度有关。

干燥前应将被干燥液体中的水分分离干净，不应有任何可见的水层，将该液体置于干燥的锥形瓶中，加入适量的颗粒状干燥剂，用塞子塞紧瓶口，振摇片刻，静置，直至所有的水分全部被吸收（一般至少要 0.5 h 以上）且液体澄清为止。

已吸水的干燥剂受热后又会脱水，其蒸气压随温度的升高而增加，所以，对已干燥的液体在蒸馏之前必须把干燥剂滤去。

三、仪器与试剂

仪器：分液漏斗、量筒、烧杯、锥形瓶
试剂：乙酸乙酯的粗品、10%的碳酸钠水溶液、无水硫酸镁

四、实验步骤

1. 将 20 mL 乙酸乙酯的粗品转移到分液漏斗中，向分液漏斗中加入 10 mL 10%的碳酸钠水溶液，洗涤有机相，放出水相，有机相再用 10 mL 水洗 1 次。

2. 将有机相自分液漏斗上口转移至干燥的锥形瓶中，用无水硫酸镁干燥之。

五、思考题

1. 萃取和洗涤的原理、主要用途是什么？操作要点有哪些？
2. 使用分液漏斗的目的何在？使用分液漏斗时要注意哪些事项？
3. 选择干燥剂来干燥液态有机化合物时必须注意哪几点？

实验 5　水蒸气蒸馏操作

理论部分

1. 定义

水蒸气蒸馏（stream distillation）是将水蒸气通入不溶于水或难溶于水但有一定挥发性的有机物中，使有机物与水经过共沸而蒸出的操作过程。

水蒸气蒸馏是分离和纯化与水不相混溶的挥发性有机物常用的方法。水蒸

气蒸馏常用于蒸馏那些沸点很高且在接近或达到沸点温度时易分解、变色的挥发性液体或固体有机物，除去不挥发性的杂质。

2. 原理

根据分压定律，当水与有机物混合共热时，其总蒸气压为各组分分压之和。即：$p = p_{H_2O} + p_B$，当总蒸气压 p 与大气压力相等时，则混合物沸腾。由于总蒸气压恒大于任一组分的蒸气压，因此，混合物的沸点必定低于任一组分的沸点。这样在低于 100 ℃ 的情况下，被蒸馏物就与水蒸气一同蒸出。因为两者不互溶，所以冷凝下来很容易分开。

3. 馏出液组分的计算

假定两组分是理想气体，则根据

$$pV = nRT = \frac{WRT}{M}$$

得

$$\frac{W_B}{W_{H_2O}} = \frac{M_B p_B}{M_{H_2O} p_{H_2O}}$$

4. 水蒸气蒸馏的条件

(1) 有机物不溶于水或难溶于水。

(2) 长时间在水中煮沸，不与水发生化学反应。

(3) 在 100 ℃ 左右时，化合物必须具有一定的蒸气压，至少要有 0.663 kPa～1.33 kPa(5 mmHg～10 mmHg)。

5. 实验装置图

实验室常用水蒸气蒸馏装置，包括水蒸气发生器、蒸馏部分、冷凝部分和接收部分。如图 4-7 所示。

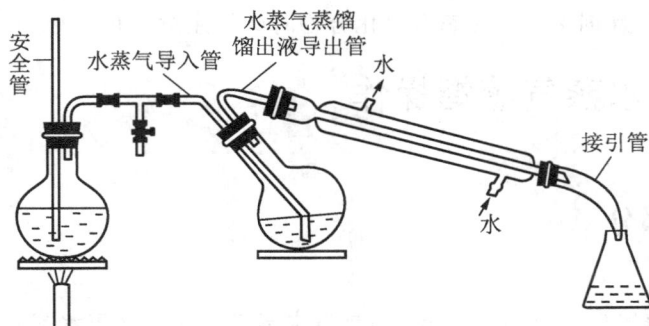

图 4-7　水蒸气蒸馏装置

实验内容：水蒸气蒸馏法从肉桂皮中提取肉桂油

一、实验目的

1. 了解从天然产物中提取有效成分的一般方法。
2. 学习并掌握水蒸气蒸馏的装置及其操作方法。

二、实验原理

植物的香精油一般存在于植物的根、茎、叶、籽和花中，大部分是易挥发性的物质，因此可以用水蒸气蒸馏的方法加以分离，其他的分离方法还有萃取法和榨取法。

肉桂皮中香精油的主要成分是肉桂醛。其结构式为：

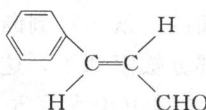

反-3-苯基丙烯醛

肉桂醛沸点为 252 ℃，为略带浅黄色的油状液体，难溶于水，易溶于苯、丙酮、乙醇、二氯甲烷、氯仿、四氯化碳等有机溶剂。肉桂醛易被氧化，长期放置，经空气中的氧慢慢氧化成肉桂酸。

肉桂醛能随水蒸气蒸发，因此本实验将用水蒸气蒸馏的方法提取出肉桂油。

三、仪器与试剂

仪器：水蒸气发生器、长颈圆底烧瓶、直形冷凝管、尾接管、100 mL 和 50 mL 三角瓶各 1 个、10 mL 量筒 1 个、125 mL 分液漏斗 1 个、250 mL 烧杯 1 只

试剂：肉桂皮

四、实验步骤

在水蒸气发生器中装入 2/3 容积的热水，加入 1～2 粒沸石，安装好安全管。同时在圆底烧瓶中加入 8 g 磨碎的肉桂皮粉末和 40 mL 热水，安装好水蒸气蒸馏装置，用电热套加热。当水蒸气大量生成时关闭螺旋夹，使蒸气通入圆底烧瓶中进行提取。蒸馏速度控制在 1～2 滴·s^{-1} 为宜。当收集 30 mL～

40 mL馏出液时停止蒸馏，备用。

　　停止蒸馏时，先打开螺旋夹，再熄灭酒精灯，关闭冷凝水，拆除仪器。

　　将水蒸气馏出液转移至分液漏斗中，待静置分层后，分出肉桂油。

五、装置操作要领

　　1. 向水蒸气发生器中加入约占容器容积 2/3 的水，并加入沸石，塞好塞子。水蒸气导入管应正对烧瓶底中央，距瓶底约 1 cm。

　　2. 向蒸馏烧瓶中加入待蒸馏的混合物，蒸馏的液体量不能超过其容积的 1/3，连接好导入管、冷凝管、接液管和接液瓶。

　　3. 检查装置不漏气后，旋开 T 形管的螺旋夹，开始加热水蒸气发生器至沸腾。

　　4. 当有大量蒸汽冲出时，立即旋紧螺旋夹，开始蒸馏。在蒸馏过程中，通过水蒸气发生器安全管中水面的高低，可判断水蒸气蒸馏系统是否畅通，若水平面上升很高，则说明某一部分被阻塞了，这时应立即旋开螺旋夹，然后移去热源，拆下装置进行检查(通常是由于水蒸气导入管被树脂状物质或焦油状物质堵塞)和处理。

　　5. 如果由于水蒸气的冷凝而使蒸馏瓶内液体量增加，可适当加热蒸馏瓶。但要控制蒸馏速度，以 2～3 滴·s^{-1}为宜，以免发生意外。

　　6. 蒸馏直到馏出液清澈，再蒸出 5 mL～10 mL 后即可结束。结束时先松螺旋夹，再停止加热。

　　7. 在馏出液冷却后，不溶于水的提取物与水分层，借助分液漏斗可以将其从水中分出。

六、注意事项

　　1. 装置安装正确，连接处严密，严守操作程序。

　　2. T 形管用来除去水蒸气中冷凝下来的水，有时在操作发生不正常的情况下，可使水蒸气发生器与大气相通。

　　3. 被蒸馏物的体积不超过容积的 1/3，蒸馏瓶与桌面成 45°角，导气管距瓶底约 1 cm，蒸馏速度为 2～3 滴·s^{-1}。

　　4. 停止蒸馏前先松螺旋夹，再停止加热，以免发生倒吸。

七、思考题

　　1. 什么是水蒸气蒸馏？其原理和意义是什么？

2. 水蒸气蒸馏的装置由几个部分组成？

3. 水蒸气蒸馏时，被提纯物质必须具备的条件是什么？

4. 水蒸气蒸馏操作时，什么时候应停止蒸馏？停止时首先应做什么？

5. 水蒸气蒸馏操作时，发现安全管水位不正常升高，此时应做什么？

实验 6　硫酸亚铁铵的制备

一、实验目的

1. 了解复盐的一般特征和制备方法。

2. 练习水浴加热、蒸发浓缩、结晶、减压过滤等基本操作。

3. 掌握目视比色法的原理。

二、预习内容

1. 预习有关水浴加热、蒸发浓缩、结晶和固液分离等基本操作技术。

2. 思考下列问题：

(1) 本实验中前后两次水浴加热的目的有何不同？

(2) 在计算硫酸亚铁铵的产率时，是根据铁的用量还是根据硫酸铵的用量？铁的用量过多对制备硫酸亚铁铵有何影响？

三、实验原理

硫酸亚铁铵又称莫尔盐，是浅绿色透明晶体，易溶于水但不溶于乙醇。它在空气中比一般的亚铁铵盐稳定，不易被氧化。在定量分析中常用来配制亚铁离子的标准溶液。

在 $0 \sim 60 \ ℃$ 的温度范围内，硫酸亚铁在水中的溶解度比组成它的每一组分的溶解度都小，因此很容易从浓的 $FeSO_4$ 和 $(NH_4)_2SO_4$ 的混合溶液结晶制得莫尔盐。

通常先用铁屑与稀硫酸反应生成硫酸亚铁，反应方程式为：

$$Fe + H_2SO_4 = FeSO_4 + H_2 \uparrow$$

然后加入等物质的量的 $(NH_4)_2SO_4$ 溶液，充分混合后，加热浓缩，冷却，结晶，便可析出硫酸亚铁铵复盐，反应方程式为：

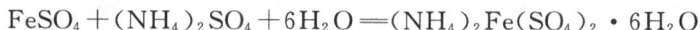

$$FeSO_4 + (NH_4)_2SO_4 + 6H_2O = (NH_4)_2Fe(SO_4)_2 \cdot 6H_2O$$

四、仪器与试剂

仪器：电子台秤、循环水泵、滤瓶、布氏漏斗、蒸发皿、水浴锅、表面皿、滤纸

试剂：铁屑、$(NH_4)_2SO_4$（s）、10％ 的 Na_2CO_3（质量分数）、H_2SO_4（3 mol·L^{-1}）、乙醇

五、实验步骤

1. 铁屑的净化（去油污）

称取 4.2 g 铁屑放在锥形瓶中，加入 20 mL 质量分数为 10％的 Na_2CO_3 溶液，小火加热并适当搅拌 5 min～10 min，以除去铁屑上的油污。用倾析法将碱液倒出，用纯水把铁屑反复冲洗干净。

2. 硫酸亚铁的制备

将 25 mL 3 mol·L^{-1} H_2SO_4 倒入盛有铁屑的锥形瓶中，水浴上加热（在通风橱中进行），经常取出锥形瓶摇荡，并适当补充水分，直至反应完全为止（不再有氢气气泡冒出）。再加入几滴 3 mol·L^{-1} H_2SO_4，趁热减压过滤，滤液转移到蒸发皿内（若滤液稍有浑浊，可滴入硫酸酸化）。过滤后的残渣用滤纸吸干后称重，算出已反应铁屑的质量，并根据反应方程式算出 $FeSO_4$ 的理论量。

3. 硫酸亚铁铵的制备

称取 9.5 g 硫酸铵固体，加入到盛有硫酸亚铁溶液的蒸发皿中。水浴加热，搅拌至硫酸铵完全溶解。继续蒸发浓缩至表面出现晶膜为止。静置冷却结晶，抽滤。用少量乙醇洗涤晶体 2 次。取出晶体放在表面皿上晾干，观察产品的颜色和晶形。称重，计算产率。

六、思考题

1. 硫酸亚铁铵的理论产量如何计算？

2. 在硫酸亚铁铵的制备过程中为什么要控制溶液 pH 为 1～2？

3. 减压过滤有何特点？什么情况下应采用减压过滤？抽滤时，应注意哪些事项？步骤有哪些？

实验 7 p区重要非金属化合物的性质

1. 氧 硫

一、实验目的

1. 掌握过氧化氢的主要性质；学习硫化氢和亚硫酸的性质。
2. 了解硫代硫酸盐和过二硫酸盐的性质。
3. 学会 H_2O_2、S^{2-}、SO_3^{2-} 和 $S_2O_3^{2-}$ 的鉴定方法。

二、实验原理

1. SO_2 溶于水生成不稳定的亚硫酸，它是二元中强酸。H_2SO_3 及其盐常用作还原剂，但遇强还原剂时也起氧化作用。SO_2 或 H_2SO_3 可与某些有机物发生加成反应，生成无色加成物，所以它们具有漂白性。加成物受热往往容易分解。

2. 亚硫酸盐与硫作用生成不稳定的硫代硫酸盐，硫代硫酸盐遇酸容易分解，如：

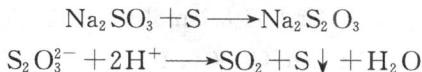

$$Na_2SO_3 + S \longrightarrow Na_2S_2O_3$$
$$S_2O_3^{2-} + 2H^+ \longrightarrow SO_2 + S\downarrow + H_2O$$

$Na_2S_2O_3$ 常用作还原剂，能将 I_2 还原为 I^-，本身被氧化成连四硫酸钠：

$$2S_2O_3^{2-} + I_2 \longrightarrow S_4O_6^{2-} + 2I^-$$

这一反应在分析化学上用于碘量法容量分析。另外，$S_2O_3^{2-}$ 能与某些金属离子形成配合物。

3. $K_2S_2O_8$ 或 $(NH_4)_2S_2O_8$ 是过二硫酸的重要盐类。它们与 H_2O_2 相似，含有过氧键，也是强氧化剂，能将 I^-、Mn^{2+} 和 Cr^{3+} 氧化成相应的高氧化态化合物，例如：

$$2Mn^{2+} + 5S_2O_8^{2-} + 8H_2O \longrightarrow 2MnO_4^- + 10SO_4^{2-} + 16H^+$$

有 $AgNO_3$ 存在时，该反应将迅速进行（银的催化作用）。

4. H_2O_2、S^{2-}、SO_3^{2-} 和 $S_2O_3^{2-}$ 的鉴定

(1) 在含有 $Cr_2O_7^{2-}$ 的溶液中加入 H_2O_2 和戊醇，有蓝色的过氧化物 CrO_5 生成，该化合物不稳定，放置或摇动时便分解。利用这一性质可以鉴定 H_2O_2、$Cr(Ⅲ)$ 和 $Cr(Ⅵ)$，主要反应如下：

$$Cr_2O_7^{2-} + 4H_2O_2 + 2H^+ \longrightarrow 2CrO_5 + 5H_2O$$

（2）S^{2-} 能与稀酸反应生成 H_2S 气体，借助 $Pb(Ac)_2$ 试纸可进行鉴定。另外，在弱碱性条件下，S^{2-} 与 $Na_2[Fe(CN)_5NO]$［亚硝酰五氰合铁（Ⅲ）酸钠］反应生成紫红色配合物：

$$S^{2-} + [Fe(CN)_5NO]^{2-} \longrightarrow [Fe(CN)_5NOS]^{4-}$$

（3）SO_3^{2-} 与 $Na_2[Fe(CN)_5NO]$ 反应生成红色配合物，加入饱和 $ZnSO_4$ 溶液和 $K_4[Fe(CN)_6]$ 溶液，会使红色明显加深。

（4）$S_2O_3^{2-}$ 与 Ag^+ 反应生成不稳定的 $Ag_2S_2O_3$ 白色沉淀，在转化为黑色 Ag_2S 沉淀的过程中，沉淀的颜色变化为：白→黄→棕→黑。这是 $S_2O_3^{2-}$ 的特征反应。

应当指出，当溶液中同时存在 S^{2-}、SO_3^{2-} 和 $S_2O_3^{2-}$ 需要逐个加以鉴定时，必须先加 $PbCO_3$ 固体，生成 PbS 以消除 S^{2-} 的干扰，再离心分离，取其清液分别鉴定 SO_3^{2-} 和 $S_2O_3^{2-}$。

三、仪器与试剂

仪器：试管、试管夹、点滴板、滴管、小量筒、酒精灯、离心机等

试剂：$1.0\ mol \cdot L^{-1}\ H_2SO_4$、浓 HNO_3、$HCl(2.0\ mol \cdot L^{-1}$，$6.0\ mol \cdot L^{-1})$、$HAc(2.0\ mol \cdot L^{-1})$、$KI(1.0\ mol \cdot L^{-1})$、$Pb(NO_3)_2(0.1\ mol \cdot L^{-1})$、$KMnO_4(0.01\ mol \cdot L^{-1})$、$K_2Cr_2O_7(0.1\ mol \cdot L^{-1})$、$FeCl_3(0.01\ mol \cdot L^{-1})$、$NaCl$（$0.1\ mol \cdot L^{-1}$）、$ZnSO_4$（$0.1\ mol \cdot L^{-1}$，饱和）、$CdSO_4$（$0.1\ mol \cdot L^{-1}$）、$CuSO_4(0.1\ mol \cdot L^{-1})$、$Hg(NO_3)_2(0.1\ mol \cdot L^{-1})$、$Na_2S$（$0.1\ mol \cdot L^{-1}$）、$Na_2[Fe(CN)_5NO](1.0\%)$、$K_4[Fe(CN)_6](0.1\ mol \cdot L^{-1})$、$Na_2S_2O_3(0.1\ mol \cdot L^{-1})$、$Na_2SO_3(0.1\ mol \cdot L^{-1})$、$AgNO_3(0.1\ mol \cdot L^{-1})$、$KBr(0.1\ mol \cdot L^{-1})$、$(NH_4)_2S_2O_8(0.2\ mol \cdot L^{-1})$、$BaCl_2(1.0\ mol \cdot L^{-1})$、$MnSO_4(0.002\ mol \cdot L^{-1})$、$MnO_2$（固）、$K_2S_2O_8$（固）、硫粉、$CCl_4$、戊醇、$SO_2$ 溶液（饱和）、H_2O_2 溶液（3%）、碘水（饱和）、H_2S 溶液（饱和）、淀粉试纸、醋酸铅试纸、蓝色石蕊试纸、品红溶液、氨水（饱和）

四、实验步骤

1. 过氧化氢的性质

（1）在试管中加入 $0.5\ mL$　$0.1\ mol \cdot L^{-1}$ 的 KI 溶液，酸化后加 5 滴 3% 的 H_2O_2 溶液和 10 滴 CCl_4，充分振荡，比较溶液颜色，写出离子反应方程式。

（2）在试管中加 $1\ mL\ 0.5\ mol \cdot L^{-1}\ Pb(NO_3)_2$ 溶液，再加饱和 H_2S 溶液

至沉淀生成，离心分离，弃去清液；水洗沉淀后加入 3％的 H_2O_2 溶液，观察沉淀颜色的变化。写出反应方程式。

（3）在试管中加入 5 mL 0.01 mol·L^{-1} $KMnO_4$ 溶液，酸化后滴加 3％的 H_2O_2 溶液，观察现象。写出离子反应方程式。

（4）取 3％的 H_2O_2 溶液和戊醇各 10 滴，加 5 滴 0.01 mol·L^{-1} H_2SO_4 溶液和 1 滴 0.1 mol·L^{-1} $K_2Cr_2O_7$ 溶液，振荡试管，观察现象。

2. 硫化氢和硫化物的性质

（1）取 1 mL 饱和 H_2S 溶液，滴加 0.01 mol·L^{-1} $KMnO_4$ 溶液后再酸化，观察有何变化。写出反应方程式。

（2）试验 0.01 mol·L^{-1} $FeCl_3$ 溶液与饱和 H_2S 溶液的反应，根据现象写出反应方程式。

（3）在 5 支试管中分别加入下列溶液（0.1 mol·L^{-1}）各 5 滴：NaCl、$ZnSO_4$、$CdSO_4$、$CuSO_4$ 和 $Hg(NO_3)_2$，然后各加 1 mL 饱和 H_2S 溶液，观察是否都有沉淀析出，记录各种沉淀的颜色；离心分离，弃去清液，在沉淀中分别加入数滴 2.0 mol·L^{-1} HCl 溶液，看沉淀是否溶解；将不溶解的沉淀离心分离，弃去清液，加 6.0 mol·L^{-1} HCl 溶液，看沉淀是否溶解；将仍不溶解的沉淀离心分离出来，用少量去离子水洗涤沉淀 1～2 次，加数滴浓 HNO_3 并微热，观察沉淀是否溶解；如不溶解，再加数滴浓 HCl，使 HCl 与 HNO_3 体积比约为 3：1，并微热使沉淀全部溶解。

根据实验结果，比较上述金属硫化物的溶解性，并记住它们的颜色。

（4）在点滴板上滴加 1 滴 0.1 mol·L^{-1} Na_2S 溶液，再加 1 滴 1.0％的 $Na_2[Fe(CN)_5NO]$ 溶液，出现紫红色表示有 S^{2-}。

（5）在试管中加入数滴 0.1 mol·L^{-1} Na_2S 溶液和 6.0 mol·L^{-1} HCl 溶液，微热之，在试管口用湿润的 $Pb(Ac)_2$ 试纸检验逸出的气体。

3. 硫代硫酸及其盐的性质

（1）在试管中加入 0.1 mol·L^{-1} $Na_2S_2O_3$ 溶液和 2.0 mol·L^{-1} HCl 溶液数滴，振荡片刻观察现象，用湿润的蓝色石蕊试纸检验逸出的气体。

（2）取 5 滴 0.01 mol·L^{-1} 的碘水，加 1 滴淀粉试液，逐滴加入 0.1 mol·L^{-1} $Na_2S_2O_3$ 溶液，观察颜色的变化。

（3）取 5 滴饱和氯水，滴加 0.1 mol·L^{-1} $Na_2S_2O_3$ 溶液，用 1.0 mol·L^{-1} $BaCl_2$ 溶液检查是否有 SO_4^{2-} 存在。

（4）在试管中加入 0.1 mol·L^{-1} $AgNO_3$ 溶液和 0.1 mol·L^{-1} KBr 溶液各 2 滴，观察沉淀颜色，然后加 0.1 mol·L^{-1} $Na_2S_2O_3$ 溶液，使沉淀溶解。

记录以上实验现象，写出有关反应方程式。

(5)在点滴板上加 2 滴 $0.1 \ mol \cdot L^{-1} \ Na_2S_2O_3$ 溶液，再加$0.1 \ mol \cdot L^{-1}$ $AgNO_3$溶液至产生白色沉淀，利用沉淀物分解时颜色的变化，确认 $S_2O_3^{2-}$ 的存在。

4. 过硫酸盐的氧化性

(1)在试管中加入 $0.5 \ mL \ 0.1 \ mol \cdot L^{-1} \ KI$ 溶液和 10 滴 $1.0 \ mol \cdot L^{-1}$ H_2SO_4 溶液，再加数滴 $0.2 \ mol \cdot L^{-1}(NH_4)_2S_2O_8$溶液和淀粉溶液，观察颜色的变化。写出反应方程式。

(2)将 $1.0 \ mol \cdot L^{-1} \ H_2SO_4$ 溶液和去离子水各 5 mL 与 2～3 滴 $0.002 \ mol \cdot L^{-1}$ $MnSO_4$ 溶液均匀混合后分成两份。一份加少量 $K_2S_2O_8$ 固体，另一份加 1 滴 $1.0 \ mol \cdot L^{-1} AgNO_3$ 溶液和少量 $K_2S_2O_8$ 固体，同时在水浴上加热片刻，观察溶液颜色的变化有何不同。写出反应方程式。

五、思考题

1. 长期放置的 H_2S、Na_2S 和 Na_2SO_3 溶液会发生什么变化，为什么？

2. 在鉴定 $S_2O_3^{2-}$ 时，如果 $Na_2S_2O_3$ 比 $AgNO_3$ 的量多，将会出现什么情况，为什么？

2. 氮 磷

一、实验目的

1. 掌握硝酸及其盐、亚硝酸及其盐的重要性质。

2. 了解磷酸盐的主要性质。

3. 学会 NH_4^+、NO_3^-、NO_2^- 和 PO_4^{3-} 的鉴定。

二、实验原理

1. 鉴定 NH_4^+ 常用下列两种方法：

(1) NH_4^+ 与 NaOH 反应生成 $NH_3(g)$，使红色石蕊试纸变蓝。

(2) NH_4^+ 与 Nessler 试剂(K_2HgI_4 的碱性溶液)反应生成红棕色沉淀：

$$NH_4^+ + 2[HgI_4]^{2-} + 4OH^- = \left[\begin{array}{c} Hg \\ O \qquad NH_2 \\ Hg \end{array}\right] I(s) + 7I^- + 3H_2O$$

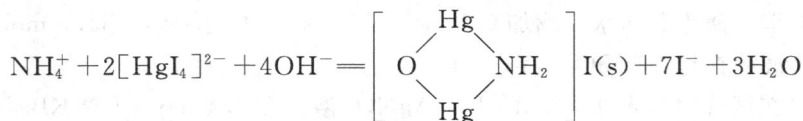

2. 亚硝酸是稍强于醋酸的弱酸，它极不稳定，仅存在于冷的稀溶液中，

加热或浓缩便发生分解：

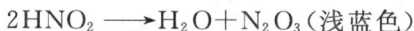

$$2HNO_2 \longrightarrow H_2O + N_2O_3（浅蓝色）$$

$$N_2O_3 \longrightarrow NO + NO_2$$

亚硝酸盐在溶液中尚稳定，它是极毒、致癌物质，其中氮的氧化态为Ⅲ；在酸性介质中作氧化剂，一般被还原为 NO；与强氧化剂作用时，本身被氧化成硝酸盐。

鉴定 NO_3^- 或 NO_2^- 时，加浓 H_2SO_4，NO_3^- 能形成棕色环，NO_2^- 能发生棕色反应。当有 NO_2 存在时，会干扰对 NO_3^- 的鉴定，必须预先消除，即在酸性条件下加尿素发生下列反应：

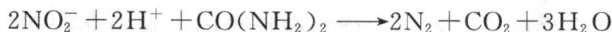

$$2NO_2^- + 2H^+ + CO(NH_2)_2 \longrightarrow 2N_2 + CO_2 + 3H_2O$$

加 HAc 时，只有 NO_2^- 能发生棕色反应：

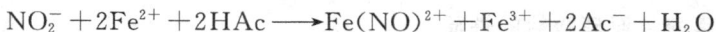

$$NO_2^- + 2Fe^{2+} + 2HAc \longrightarrow Fe(NO)^{2+} + Fe^{3+} + 2Ac^- + H_2O$$

3. 磷酸盐和磷酸一氢盐中，只有碱金属（除锂外）和铵的盐类易溶于水，其他磷酸盐都难溶。大多数磷酸二氢盐易溶。焦磷酸盐和三磷酸盐具有配位作用，例如：

$$Cu^{2+} + 2P_2O_7^{4-} \longrightarrow [Cu(P_2O_7)_2]^{6-}$$

$$Ca^{2+} + P_3O_{10}^{5-} \longrightarrow [CaP_3O_{10}]^{3-}$$

三、仪器与试剂

仪器：试管、试管夹、点滴板、滴管、小量筒、酒精灯、离心机等

试剂：HNO_3（2.0 mol·L^{-1}，浓）、H_2SO_4（2.0 mol·L^{-1}，6.0 mol·L^{-1}，浓）、HAc（2.0 mol·L^{-1}）、NaOH（2.0 mol·L^{-1}，6.0 mol·L^{-1}）、NH_4Cl（0.1 mol·L^{-1}）、$BaCl_2$（0.5 mol·L^{-1}）、$NaNO_2$（0.1 mol·L^{-1}，1.0 mol·L^{-1}）、KI（0.02 mol·L^{-1}）、$KMnO_4$（0.01 mol·L^{-1}）、KNO_3（0.1 mol·L^{-1}）、Na_3PO_4（0.1 mol·L^{-1}）、Na_2HPO_4（0.1 mol·L^{-1}）、NaH_2PO_4（0.1 mol·L^{-1}）、$CaCl_2$（0.1 mol·L^{-1}）、$CuSO_4$（0.1 mol·L^{-1}）、$Na_4P_2O_7$（0.5 mol·L^{-1}）、Na_2CO_3（0.1 mol·L^{-1}）、$Na_5P_3O_{10}$（0.1 mol·L^{-1}）、$AgNO_3$（0.1 mol·L^{-1}）、硫粉、锌粉、铜屑、KNO_3（固）、$FeSO_4·7H_2O$（固）、$CO(NH_2)_2$（固）、NH_4NO_3（固）、$Na_3PO_4·12H_2O$（固）、Nessler 试剂、淀粉试液、钼酸铵试剂、红色石蕊试纸

四、实验步骤

1. NH_4^+ 的鉴定

在试管中加入 $0.1\ mol \cdot L^{-1}\ NH_4Cl$ 溶液和 $2.0\ mol \cdot L^{-1}\ NaOH$ 溶液各 10 滴，微热，用湿润的红色石蕊试纸在试管口检验逸出的气体。

2. 硝酸和硝酸盐的性质

(1)在 2 支试管中分别放入少量锌粉和铜屑，各加入 5 滴浓 HNO_3，观察现象，实验后迅速倒掉溶液以回收铜。写出反应方程式。

(2)在 2 支试管中分别放入少量锌粉和铜屑，各加 $1\ mL\ 2.0\ mol \cdot L^{-1}$ HNO_3 溶液，如不反应可以微热，证明有锌粉的试管中存在 NH_4^+，如锌粉未全部反应，可取清液检验，检验时应加过量的 $NaOH$ 溶液。

3. 亚硝酸和亚硝酸盐的性质

(1)在试管中加 10 滴 $1.0\ mol \cdot L^{-1}\ NaNO_2$ 溶液，如室温较高，应将试管放在冷水中冷却，然后滴加 $6.0\ mol \cdot L^{-1}\ H_2SO_4$ 溶液，观察液相和气相中的颜色，解释现象。

(2)在 $0.5\ mL\ 0.1\ mol \cdot L^{-1}\ NaNO_2$ 溶液中加入 1 滴 $0.02\ mol \cdot L^{-1}\ KI$ 溶液，有无变化？加 $0.1\ mol \cdot L^{-1}\ H_2SO_4$ 溶液酸化，再加淀粉溶液，有何变化？写出离子反应方程式。

(3)取 $0.5\ mL\ 0.1\ mol \cdot L^{-1}\ NaNO_2$ 溶液，加 1 滴 $0.01\ mol \cdot L^{-1}\ KMnO_4$ 溶液，用 H_2SO_4 酸化，比较酸化前后溶液的颜色，写出离子反应方程式。

4. NO_3^- 和 NO_2^- 的鉴定

(1)取 2 滴 $0.1\ mol \cdot L^{-1}\ KNO_3$ 溶液，用水稀释至 $1\ mL$，加少量 $FeSO_4 \cdot 7H_2O(s)$，振荡溶解后，斜持试管，沿管壁滴加 $20\sim25$ 滴浓 H_2SO_4，静置片刻，观察两种液体的接界面处的棕色环。

(2)取 1 滴 $0.1\ mol \cdot L^{-1}\ NaNO_2$ 溶液，用水稀释至 $1\ mL$，加少量 $FeSO_4 \cdot 7H_2O(s)$，振荡溶解，用 $2.0\ mol \cdot L^{-1}\ HAc$ 溶液代替浓 H_2SO_4 重复上述实验。

(3)以 $0.1\ mol \cdot L^{-1}\ NaNO_2$ 溶液代替 KNO_3 溶液，用鉴定 NO_3^- 的方法鉴定 NO_2^-，并验证能否用鉴定 NO_2^- 的方法来鉴定 NO_3^-，由此可以得到什么结论？

5. 磷酸盐的性质

(1)用 pH 试纸分别测定下列溶液的 pH：$0.1\ mol \cdot L^{-1}\ Na_3PO_4$、$0.1\ mol \cdot L^{-1}$ Na_2HPO_4 和 $0.1\ mol \cdot L^{-1}\ NaH_2PO_4$。写出这些盐类水解的方程式。

(2)在 3 支试管中各加入 10 滴 $0.1\ mol\cdot L^{-1}$ $CaCl_2$ 溶液，然后分别加入等量的 Na_3PO_4 溶液、Na_2HPO_4 溶液和 NaH_2PO_4 溶液，观察各试管中是否有沉淀生成。

(3)取 1 滴 $0.1\ mol\cdot L^{-1}$ $CaCl_2$ 溶液，滴加 $0.1\ mol\cdot L^{-1}$ Na_2CO_3 溶液至产生沉淀，再滴加 $0.1\ mol\cdot L^{-1}$ $Na_5P_3O_{10}$ 溶液至沉淀溶解。写出有关离子反应方程式。

6. PO_4^{3-} 的鉴定

(1)取 5 滴 $0.1\ mol\cdot L^{-1}$ Na_3PO_4 溶液，加 10 滴浓 HNO_3，再加 20 滴钼酸铵试剂，在水浴上微热到 $40\ ℃\sim 45\ ℃$，观察黄色沉淀的产生。

(2)取 10 滴 $0.1\ mol\cdot L^{-1}$ Na_3PO_4 溶液，加 1 滴 $2.0\ mol\cdot L^{-1}$ HNO_3 溶液，使溶液接近中性，再滴加 $0.1\ mol\cdot L^{-1}$ $AgNO_3$ 溶液，观察黄色沉淀的产生。用 $0.1\ mol\cdot L^{-1}$ $Na_4P_2O_7$ 溶液代替 Na_3PO_4 溶液重复这一实验，观察白色沉淀的产生。写出有关的离子反应方程式。

五、思考题

1. 用 Nessler 试剂鉴定 NH_4^+ 时，为什么加 NaOH 使 NH_3 逸出？能否将试剂直接加入含 NH_4^+ 的溶液中进行鉴定？

2. 浓硝酸与金属或非金属反应时，主要的还原产物是什么？

3. 如果用 Na_2SO_3 代替 KI 来证明 $NaNO_2$ 具有氧化性，应该怎样进行实验？

实验 8　d 区重要化合物的性质

1. 锰

一、实验目的

1. 掌握锰主要化合物的性质；掌握 Mn^{2+} 的鉴定反应。

2. 掌握锰相关化合物的还原性和锰相关化合物的氧化性及其递变规律。

二、实验原理

1. 锰的重要化合物的性质

表 4-3　氧化物及其水合物的性质

氧化值	+2	+4	+6	+7
氧化物	MnO （绿色）	MnO_2 （棕色）		Mn_2O_7 （黑绿色油状液体）
氧化物的水合物	$Mn(OH)_2$ （白色）	$MnO(OH)_2$ （棕黑色）	H_2MnO_4 （绿色）	$HMnO_4$ （紫红色）
酸碱性	碱性	两性	酸性	强酸性
氧化还原稳定性	MnO 不稳定，易被空气中的氧氧化成 MnO(OH)，进一步氧化成 $MnO(OH)_2$	MnO_2 稳定，在酸性介质中有强氧化性，在碱性介质中具有还原性	H_2MnO_4 不稳定，易发生歧化反应	Mn_2O_7 不稳定，易分解为 MnO_2 和 O_2

2. 锰化合物的氧化还原性

锰的电势图

$$E_a^\ominus/V \quad MnO_4^- \xrightarrow{0.564} MnO_4^{2-} \xrightarrow{2.26} MnO_2 \xrightarrow{0.95} Mn^{3+} \xrightarrow{1.51} Mn^{2+} \xrightarrow{-1.029} Mn$$
（1.507；1.679；1.208）

$$E_b^\ominus/V \quad MnO_4^- \xrightarrow{0.564} MnO_4^{2-} \xrightarrow{0.60} MnO_2 \xrightarrow{-0.20} Mn(OH)_3 \xrightarrow{0.1} Mn(OH)_2 \xrightarrow{-1.55} Mn$$
（0.588；-0.05；-0.05）

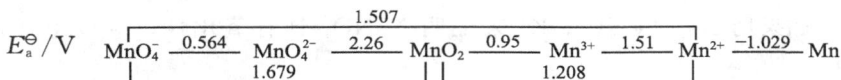

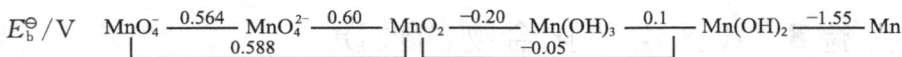

从锰的电势图可知：

在酸性介质中，Mn^{3+} 和 MnO_4^{2-} 均不稳定，易发生歧化反应；在中性和碱性介质中也歧化，但趋势小，速度慢。MnO_4^{2-} 只能稳定存在于强碱性介质中。

$$2Mn^{3+}+2H_2O \longrightarrow Mn^{2+}+MnO_2\downarrow+4H^+$$
$$3MnO_4^{2-}+4H^+ \longrightarrow 2MnO_4^-+MnO_2\downarrow+2H_2O$$

在碱性介质中，$Mn(OH)_2$ 易被氧化成 $MnO(OH)_2$；Mn^{2+} 在酸性介质中稳定，只有强氧化剂（如 $NaBiO_3$、PbO_2 等）才能将 Mn^{2+} 氧化成 MnO_4^-。

$$2Mn(OH)_2+O_2 \longrightarrow 2MnO(OH)_2$$
$$5PbO_2+2Mn^{2+}+4H^+ \longrightarrow 2MnO_4^-+5Pb^{2+}+2H_2O$$

MnO_2 在酸性介质中有强氧化性，还原产物一般为 Mn^{2+}；在碱性介质中有还原性，可被氧化剂（如 O_2、$KClO_3$、KNO_3 等）氧化成 MnO_4^{2-}。

$$MnO_2 + 4HCl(浓) \longrightarrow MnCl_2 + Cl_2 \uparrow + 2H_2O$$
$$3MnO_2 + KClO_3 + 6KOH \longrightarrow 3K_2MnO_4 + KCl + 3H_2O$$

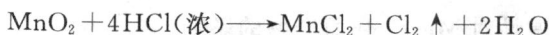

$KMnO_4$ 具有强氧化性，在酸性介质中氧化能力更强，是最常用的强氧化剂。它的还原产物因溶液的酸碱性不同而不同（如表 4-4 所示）。

表 4-4　高锰酸钾在不同酸碱性介质中的还原产物

溶液	酸性	中性或弱碱性	强碱性
还原产物	Mn^{2+}	MnO_2	MnO_4^{2-}

三、仪器与试剂

仪器：试管、试管夹、离心试管、点滴板、小量筒、酒精灯、离心机等

试剂：$MnSO_4$（0.1 mol·L^{-1}，0.5 mol·L^{-1}）、NaOH（2.0 mol·L^{-1}，40%，6.0 mol·L^{-1}）、H_2S（饱和）、$NH_3 \cdot H_2O$（2.0 mol·L^{-1}）、HCl（浓）、$KMnO_4$（0.01 mol·L^{-1}）、H_2SO_4（2.0 mol·L^{-1}）、Na_2SO_3（0.1 mol·L^{-1}）、HNO_3（6.0 mol·L^{-1}）、MnO_2（固）、$NaBiO_3$（固）

四、实验步骤

1. $Mn(OH)_2$ 的生成和性质

在 3 支试管中各加入 0.5 mL 0.1 mol·L^{-1} $MnSO_4$ 溶液，再分别加入 2.0 mol·L^{-1} NaOH 溶液至有白色沉淀生成；在 2 支试管中迅速检查 $Mn(OH)_2$ 的酸碱性；另一支试管在空气中振荡，观察沉淀颜色的变化。解释现象，写出反应方程式。

2. MnS 的生成和性质

在 0.1 mol·L^{-1} $MnSO_4$ 溶液中滴加饱和 H_2S 溶液，有无沉淀生成？再向试管中加 2.0 mol·L^{-1} $NH_3 \cdot H_2O$ 溶液，振荡试管，有无沉淀生成？

3. MnO_2 的生成和性质

（1）将 0.01 mol·L^{-1} $KMnO_4$ 溶液和 0.5 mol·L^{-1} $MnSO_4$ 溶液混合后，是否有沉淀生成？

（2）用固体 MnO_2 和浓 HCl 制备 Cl_2 并检验之。

4. MnO_4^{2-} 的生成和性质

在 2 mL 0.01 mol·L^{-1} $KMnO_4$ 溶液中加入 1 mL 40% 的 NaOH 溶液，再加少量 MnO_2 固体，加热，搅动，沉降片刻，观察上层清液的颜色。取清液于另一试管中，用 H_2SO_4 酸化，有何现象出现，为什么？

5. 溶液的酸碱性对 MnO_4^- 还原产物的影响

在 3 支试管中分别加入 5 滴 $0.01\ mol \cdot L^{-1}$ $KMnO_4$ 溶液，再分别加入 5 滴 $2.0\ mol \cdot L^{-1} H_2SO_4$ 溶液、$6.0\ mol \cdot L^{-1}$ NaOH 溶液和 H_2O，然后各加入几滴 $0.1\ mol \cdot L^{-1}$ Na_2SO_3 溶液。观察各试管中发生的变化，写出有关反应方程式。

6. Mn^{2+} 的鉴定

取 2 滴 $0.1\ mol \cdot L^{-1}$ $MnSO_4$ 溶液和数滴 $6.0\ mol \cdot L^{-1} HNO_3$ 溶液，加少量固体 $NaBiO_3$，振荡试管，静置后上层清液呈紫红色，表示有 Mn^{2+} 存在。

五、思考题

1. 怎样实现 $Mn^{2+} \longrightarrow MnO_2 \longrightarrow MnO_4^{2-} \longrightarrow MnO_4^- \longrightarrow Mn^{2+}$ 的转化？用反应方程式表示。

2. 怎样存放 $KMnO_4$ 溶液，为什么？

2. 铁　钴　镍

一、实验目的

1. 掌握 Fe、Co、Ni 的主要配位化合物的性质及其在定性分析中的应用。
2. 掌握 Fe^{2+}、Fe^{3+}、Co^{2+}、Ni^{2+} 的分离与鉴定。

二、实验原理

铁、钴、镍重要化合物性质简介如下。

1. 铁系元素的氢氧化物

表 4-5　氧化值为 +2 的氢氧化物的还原性

$M(OH)_2$	空气	中强氧化剂（如 H_2O_2）	强氧化剂（如 Cl_2、Br_2）	反应举例
$Fe(OH)_2$（白色）	$Fe(OH)_3$ 反应迅速	$Fe(OH)_3$	$Fe(OH)_3$	$4Fe(OH)_2 + O_2 + 2H_2O \longrightarrow 4Fe(OH)_3$
$Co(OH)_2$（蓝色或粉红色）	CoO(OH) 反应缓慢	CoO(OH)	CoO(OH)	$2Co(OH)_2 + H_2O_2 \longrightarrow 2H_2O + 2CoO(OH)$
$Ni(OH)_2$	不作用	NiO(OH)	NiO(OH)	$2Ni(OH)_2 + Cl_2 + 2OH^- \longrightarrow 2NiO(OH) + 2Cl^- + 2H_2O$

注：$Co(OH)_2$ 沉淀的颜色由生成条件而定。

Fe(OH)$_2$极易被空气氧化,在制备时所用溶液应除去氧并避免受热,在空气中很快由白色变灰绿,最终变为红棕色的 Fe(OH)$_3$。Co(OH)$_2$较稳定,Ni(OH)$_2$稳定。还原性依 Fe(OH)$_2$、Co(OH)$_2$、Ni(OH)$_2$ 的顺序递减。

表 4-6　氧化值为+3 的氢氧化物的氧化性

M(OH)$_3$	H$_2$SO$_4$	浓 HCl	反应举例
Fe(OH)$_3$ (红棕色)	Fe^{3+}	Fe^{3+}	Fe(OH)$_3$+3H$^+$⟶Fe^{3+}+3H$_2$O
CoO(OH) (褐色)	Co^{2+}+O$_2$	[CoCl$_4$]$^{2-}$+Cl$_2$	4CoO(OH)+8H$^+$⟶4Co^{2+}+O$_2$↑+6H$_2$O 2CoO(OH)+6H$^+$+10Cl$^-$⟶2[CoCl$_4$]$^{2-}$+Cl$_2$↑+4H$_2$O
NiO(OH) (黑色)	Ni^{2+}+O$_2$	[NiCl$_4$]$^{2-}$+Cl$_2$	4NiO(OH)+8H$^+$⟶4Ni^{2+}+O$_2$↑+6H$_2$O 2NiO(OH)+6H$^+$+10Cl$^-$⟶2[NiCl$_4$]$^{2-}$+Cl$_2$↑+4H$_2$O

酸性溶液中均有氧化性,氧化性依 Fe(OH)$_3$、CoO(OH)、NiO(OH)的顺序递增。

2. 铁系元素的盐类

常见的 Fe(Ⅱ)盐有 FeSO$_4$ 和 FeCl$_2$,它们的水溶液呈浅绿色,常用作还原剂。在空气中它的复盐比较稳定,因而常用(NH$_4$)$_2$Fe(SO$_4$)$_2$ 代替。Fe^{2+} 在酸性介质中比在碱性介质中稳定,所以在配制和保存 Fe^{2+}溶液时应加入足够浓度的酸,并加入几颗铁钉:

$$2Fe^{3+}+Fe⟶3Fe^{2+}$$

Fe(Ⅲ)盐主要有 FeCl$_3$、Fe(NO$_3$)$_3$ 等,在强酸性溶液中,Fe^{3+} 呈浅紫色,其水溶液常因水解而呈黄色。Fe^{3+} 有氧化性,可将 SnCl$_2$、KI、H$_2$S 等还原剂氧化。

常见的钴、镍盐有 CoCl$_2$、NiSO$_4$ 等,水合 Co^{2+} 呈粉红色,水合 Ni^{2+} 呈绿色。Co^{3+}、Ni^{3+} 因有强氧化性,它们的盐极少并且在溶液中不能存在。

3. 铁系元素常见的配位化合物

表 4-7　铁系元素常见配位化合物

	Fe^{2+}	Fe^{3+}	Co^{2+}	Ni^{2+}
NH$_3$·H$_2$O	Fe(OH)$_2$ $\xrightarrow{(O_2)}$ Fe(OH)$_3$	Fe(OH)$_3$	[Co(NH$_3$)$_6$]$^{2+}$ $\xrightarrow{(O_2)}$ [Co(NH$_3$)$_6$]$^{3+}$	[Ni(NH$_3$)$_6$]$^{2+}$

	Fe^{2+}	Fe^{3+}	Co^{2+}	Ni^{2+}
CN^-	$[Fe(CN)_6]^{4-}$	$[Fe(CN)_6]^{3-}$	$[Co(CN)_5(H_2O)]^{3-}$	$[Ni(CN)_4]^{2-}$
SCN^-	$Fe(OH)_2 \xrightarrow{(O_2)} Fe(OH)_3$	$[Fe(NCS)_n]^{3-n}$ $n \leq 6$	$[Co(NCS)_4]^{2-}$	$[Ni(NCS)]^+$ 不稳定

Fe^{3+} 还与 F^- 形成比 $[Fe(NCS)]^{2+}$ 更加稳定但无色的 FeF_6^{3-}，Co^{2+} 与 F^- 不形成稳定的配位化合物，因此在 Fe^{3+}、Co^{2+} 混合离子鉴定时可用 NH_4F 做掩蔽剂将 Fe^{3+} 掩蔽起来。

形成配位化合物后会改变电对的电极电势。如：

$E^\ominus_{(Fe^{3+}/Fe^{2+})} = 0.77 \text{ V}$

$E^\ominus_{([Fe(CN)_6]^{3-}/[Fe(CN)_6]^{4-})} = 0.36 \text{ V}$

$E^\ominus_{(Co^{3+}/Co^{2+})} = 1.8 \text{ V}$

$E^\ominus_{([Co(NH_3)_6]^{3+}/[Co(NH_3)_6]^{2+})} = 0.02 \text{ V}$

水溶液中，Co^{2+} 稳定；氨合物中，$[Co(NH_3)_6]^{2+}$ 易被空气氧化成 $[Co(NH_3)_6]^{3+}$：

$4[Co(NH_3)_6]^{2+}$（土黄色）$+ O_2 + 2H_2O \longrightarrow 4[Co(NH_3)_6]^{3+}$（红棕色）$+ 4OH^-$

4. 离子的鉴定

Fe^{2+}　　加赤血盐，出现蓝色沉淀：

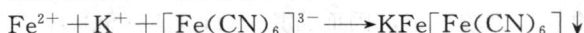

　　　　　　$Fe^{2+} + K^+ + [Fe(CN)_6]^{3-} \longrightarrow KFe[Fe(CN)_6] \downarrow$

Fe^{3+}　　（1）加黄血盐，出现蓝色沉淀：

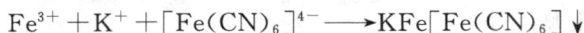

　　　　　　$Fe^{3+} + K^+ + [Fe(CN)_6]^{4-} \longrightarrow KFe[Fe(CN)_6] \downarrow$

　　　　　　（2）加 KSCN，溶液变血红色：

　　　　　　$Fe^{3+} + nSCN^- \longrightarrow [Fe(NCS)_n]^{3-n}$ 　　$(n \leq 6)$

Co^{2+}　　加浓 KSCN，并用丙酮或戊醇萃取，溶液呈宝石蓝色：

　　　　　　$Co^{2+} + 4SCN^- \longrightarrow [Co(NCS)_4]^{2-}$

Ni^{2+}　　在氨性介质中加丁二酮肟，出现鲜红色沉淀：

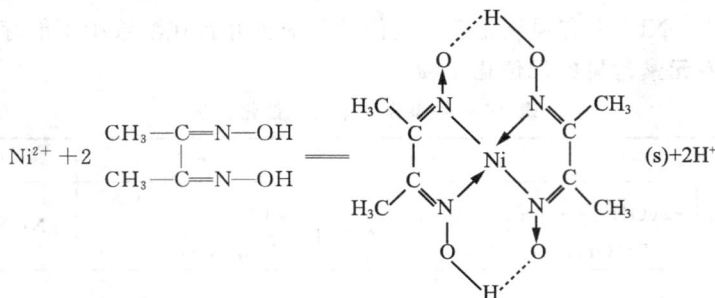

三、仪器与试剂

仪器：试管、试管夹、离心试管、点滴板、小量筒、酒精灯、离心机等

试剂：$KMnO_4$（$0.1\ mol\cdot L^{-1}$）、$K_2Cr_2O_7$（$0.1\ mol\cdot L^{-1}$）、$CoCl_2$（$0.1\ mol\cdot L^{-1}$）、$NiSO_4$（$0.1\ mol\cdot L^{-1}$）、KI（$0.1\ mol\cdot L^{-1}$）、$FeSO_4$（$0.1\ mol\cdot L^{-1}$，$0.5\ mol\cdot L^{-1}$）、$FeCl_3$（$0.1\ mol\cdot L^{-1}$）、$Pb(NO_3)_2$（$0.1\ mol\cdot L^{-1}$）、$KSCN$（$0.1\ mol\cdot L^{-1}$）、$NaOH$（$6\ mol\cdot L^{-1}$）、$K_4[Fe(CN)_6]$（$0.1\ mol\cdot L^{-1}$）、$K_3[Fe(CN)_6]$（$0.1\ mol\cdot L^{-1}$）、丁二酮肟、H_2O_2（3%）、NaF（$0.1\ mol\cdot L^{-1}$）、$NH_3\cdot H_2O$（$6\ mol\cdot L^{-1}$）、H_2SO_4（$1\ mol\cdot L^{-1}$）、HCl（浓）、Br_2 水、CCl_4、丙酮、$(NH_4)_2Fe(SO_4)_2\cdot 6H_2O$（固）、$KSCN$（固）、$KI$-淀粉

四、实验步骤

1. Fe(Ⅱ)、Co(Ⅱ)、Ni(Ⅱ)化合物的还原性

(1)Fe(Ⅱ)化合物的还原性

①设计并完成实验，证明 $FeSO_4$ 在酸性介质中能被 $KMnO_4$ 氧化，观察现象并写出离子反应方程式。

②在一支试管中，加入 1 mL 蒸馏水和几滴稀 H_2SO_4，煮沸以赶去空气（为什么）。待冷却后，加入少量$(NH_4)_2Fe(SO_4)_2\cdot 6H_2O$ 固体，使其溶解，制得$(NH_4)_2Fe(SO_4)_2$溶液。

在另一支试管中加入 3 mL $6\ mol\cdot L^{-1}$ NaOH 溶液，煮沸以赶去空气。待冷却后，用滴管吸取 NaOH 溶液，插入$(NH_4)_2Fe(SO_4)_2$溶液（至试管底部）慢慢放出 NaOH 溶液（注意整个操作都要避免将空气带入溶液）。观察白色 $Fe(OH)_2$ 沉淀的生成。振荡后静置一段时间，观察沉淀颜色的变化，写出离子反应方程式。

(2)Co(Ⅱ)化合物的还原性

在试管中加入 0.5 mL $0.1\ mol\cdot L^{-1}$ $CoCl_2$ 溶液，滴加 $6\ mol\cdot L^{-1}$的 NaOH 溶液，观察现象。将沉淀分盛于两支试管中，一支试管中的沉淀放置片刻，观察沉淀颜色的变化；在另一支试管中加入数滴 3% H_2O_2 溶液，观察沉淀颜色的变化，将沉淀保留供 2(2)实验用。写出离子反应方程式。

(3)Ni(Ⅱ)化合物的还原性

在两支试管中分别制备少量的 $Ni(OH)_2$ 沉淀，观察沉淀的颜色。然后在一支试管中加入 3% H_2O_2 溶液，在另一支试管中加入几滴 Br_2 水，观察沉淀颜色的变化有何不同。将制得的 $NiO(OH)$ 沉淀保留供 2(3)实验用。写出离子

反应方程式。

2. Fe(Ⅲ)、Co(Ⅲ)、Ni(Ⅲ)化合物的氧化性

(1)自制少量 $Fe(OH)_3$ 沉淀(选用什么试剂),然后加入浓 HCl,观察现象(有无 Cl_2 产生?应该怎样检验)。再加入 0.5 mL CCl_4 和 1 滴 0.1 mol · L^{-1} KI 溶液,观察 CCl_4 层颜色的变化。写出有关反应的离子方程式。

(2)用实验 1(2)制得的 $CoO(OH)$ 沉淀,加入少量浓 HCl,观察现象,并检验所产生的气体。写出离子反应方程式。

(3)用实验 1(3)制得的 $NiO(OH)$ 沉淀,加入少量浓 HCl,观察现象,并检验所产生的气体。写出离子反应方程式。

根据实验比较 $Fe(OH)_2$、$Co(OH)_2$、$Ni(OH)_2$ 还原性的强弱和 $Fe(OH)_3$、$CoO(OH)$、$NiO(OH)$ 氧化性的强弱。

3. 铁、钴、镍的配合物

(1)在 0.1 mol · L^{-1} $K_4[Fe(CN)_6]$ 溶液中,分别滴加数滴 2.0 mol · L^{-1} NaOH 溶液和 0.1 mol · L^{-1} $FeCl_3$ 溶液,观察现象并解释。在 0.1 mol · L^{-1} $K_3[Fe(CN)_6]$ 溶液中,分别滴加 2.0 mol · L^{-1} NaOH 溶液和 0.1 mol · L^{-1} $FeSO_4$ 溶液,观察现象,写出反应方程式。

(2)在 0.1 mol · L^{-1} $FeCl_3$ 溶液中加入 2 滴 0.1 mol · L^{-1} KSCN 溶液有何现象?再滴加 0.1 mol · L^{-1} NaF 溶液有何变化?写出反应方程式。

(3)取 5 滴 0.1 mol · L^{-1} $CoCl_2$ 溶液,加少量固体 KSCN,再加入几滴丙酮,观察现象。

(4)在点滴板上加 1 滴 0.1 mol · L^{-1} $NiSO_4$ 溶液和 1 滴 6 mol · L^{-1} NH_3 · H_2O,再加入 1 滴 1% 丁二酮肟,观察鲜红色沉淀的生成。

(5)氨合物

取 1 mL $FeCl_3$ 溶液,滴加 6 mol · L^{-1} NH_3 · H_2O 直至过量,观察沉淀是否溶解。

在两支试管中分别加入 0.5 mL 浓度均为 0.1 mol · L^{-1} 的 $CoCl_2$ 溶液和 $NiSO_4$ 溶液,然后再分别加入过量的 6 mol · L^{-1} NH_3 · H_2O,观察现象。静置片刻,观察溶液颜色有无变化。写出有关的离子反应方程式。

根据实验比较 $[Co(NH_3)_6]^{2+}$、$[Ni(NH_3)_6]^{2+}$ 氧化还原稳定性的相对大小。

五、思考题

1. 制取 $Fe(OH)_2$ 时为什么要先将有关溶液煮沸?

2. 制取 $Co(OH)_3$、$Ni(OH)_3$ 时，为什么要以 $Co(Ⅱ)$、$Ni(Ⅱ)$ 为原料在碱性溶液中进行氧化，而不用 $Co(Ⅲ)$、$Ni(Ⅲ)$ 直接制取？

3. 在 $Co(OH)_3$ 沉淀中加入浓 HCl 后，有时溶液呈蓝色，加水稀释后又呈粉红色，为什么？

实验 9　氯化钠的提纯及纯度测定

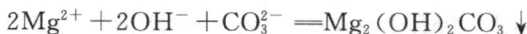

一、实验目的

1. 掌握提纯 $NaCl$ 的原理和方法。

2. 学习溶解、沉淀、常压过滤、减压过滤、蒸发浓缩、结晶和烘干等基本操作。

3. 了解 Ca^{2+}、Mg^{2+}、SO_4^{2-} 等离子的定性鉴定。

二、实验原理

化学试剂或医药用的 $NaCl$ 都是以粗食盐为原料提纯的，粗食盐中含有 Ca^{2+}、Mg^{2+}、K^+ 和 SO_4^{2-} 等可溶性杂质和泥沙等不溶性杂质，选择适当的试剂可使 Ca^{2+}、Mg^{2+}、SO_4^{2-} 等离子生成难溶盐沉淀而除去。为了检验提纯后的产品质量，应该进行 Ca^{2+}、Mg^{2+}、SO_4^{2-} 等离子的定性鉴定。

1. 粗食盐提纯

一般先在食盐溶液中加 $BaCl_2$ 溶液，除去 SO_4^{2-}：

$$Ba^{2+} + SO_4^{2-} = BaSO_4 \downarrow$$

然后再在溶液中加 Na_2CO_3 溶液，除去 Ca^{2+}、Mg^{2+} 和过量的 Ba^{2+}：

$$Ca^{2+} + CO_3^{2-} = CaCO_3 \downarrow$$

$$Ba^{2+} + CO_3^{2-} = BaCO_3 \downarrow$$

$$2Mg^{2+} + 2OH^- + CO_3^{2-} = Mg_2(OH)_2CO_3 \downarrow$$

过量的 Na_2CO_3 溶液用 HCl 中和，粗食盐中的 K^+ 仍留在溶液中。由于 KCl 溶解度比 $NaCl$ 大，而且粗食盐中含量少，所以在蒸发和浓缩食盐溶液时，$NaCl$ 先结晶出来，而 KCl 仍留在溶液中。

2. 产品纯度的检验

(1)硫酸根离子的检验：在 $NaCl$ 溶液中加入 2 滴 $6\ mol \cdot L^{-1}$ HCl 和 3～4 滴 $0.2\ mol \cdot L^{-1}$ $BaCl_2$ 溶液，观察现象，若有白色浑浊表示溶液中有 SO_4^{2-} 存在，否则表示 SO_4^{2-} 不存在。

(2)钙离子的检验：在 NaCl 溶液中加 2 mol·L^{-1} HAc 使呈酸性，再分别加入 3～4 滴饱和草酸铵溶液，观察现象，若有白色浑浊表示溶液中有 Ca^{2+} 存在，否则表示 Ca^{2+} 不存在。

(3)镁离子的检验：在 NaCl 溶液中先各加入 4～5 滴 6 mol·L^{-1} 的 NaOH 溶液，摇匀，再分别加 3～4 滴镁试剂溶液，溶液有蓝色絮状沉淀时，表示有镁离子存在。反之，若溶液仍为紫色，表示无镁离子存在。

三、仪器与试剂

仪器：电磁加热搅拌器(可用玻璃棒)、循环水泵、抽滤瓶、布氏漏斗、普通漏斗、烧杯、蒸发皿、台秤、滤纸、pH 试纸

试剂：NaCl(粗)、BaCl$_2$(0.2 mol·L^{-1}，1 mol·L^{-1})、NaOH(1 mol·L^{-1})、Na$_2$CO$_3$(1 mol·L^{-1}，3 mol·L^{-1})、HCl(2 mol·L^{-1})、(NH$_4$)$_2$C$_2$O$_4$(0.5 mol·L^{-1})、镁试剂(对硝基偶氮间苯二酚)

四、实验步骤

1. 粗食盐的提纯

(1)在台秤上称取 8 g 粗食盐，放入小烧杯中，加 30 mL 蒸馏水，用玻璃棒搅动，并加热使其溶解。至溶液沸腾时，在搅拌下 1 滴 1 滴加入 1 mol·L^{-1} 的 BaCl$_2$ 溶液至沉淀完全(约 2 mL)，继续加热，使 BaSO$_4$ 颗粒长大以易于沉淀和过滤。为了检验沉淀是否完全，可将烧杯从石棉网上取下，待沉淀沉降后，在上层清液中加入 1～2 滴 BaCl$_2$ 溶液，观察澄清液中是否还有浑浊现象，如果无浑浊现象，说明 SO$_4^{2-}$ 已完全沉淀。如果仍有浑浊现象，则需继续滴加 BaCl$_2$ 溶液，直到上层清液在加入 1 滴 BaCl$_2$ 溶液后，不再产生浑浊现象为止。沉淀完全后，继续加热 5 min，以使沉淀颗粒长大而易于沉降，用普通漏斗过滤。

(2)在滤液中加入 1 mL 2 mol·L^{-1} 的 NaOH 溶液和 3 mL 1 mol·L^{-1} 的 Na$_2$CO$_3$ 溶液，加热至沸。待沉淀沉降后，在上层清液中滴加 1 mol·L^{-1} 的 Na$_2$CO$_3$ 溶液至不再产生沉淀为止，用普通漏斗过滤。

(3)在滤液中滴加 2 mol·L^{-1} 的 HCl 溶液，并用玻璃棒蘸取滤液在 pH 试纸上检验，直到溶液呈微酸性为止(pH≈6)。

(4)将溶液倒入蒸发皿中，用小火加热蒸发，浓缩至稀粥状的稠液为止，但切不可将溶液蒸发至干。

(5)冷却后，用布氏漏斗过滤，尽量将结晶抽干。将结晶移入蒸发皿中，

在石棉网上用小火加热干燥。

（6）称出产品的质量，并计算产率。

2. 产品纯度的检验

取少量（约 1 g）提纯前和提纯后的食盐。分别用 5 mL 蒸馏水溶解，然后各盛于 3 支试管中，组成 3 组，对照检验它们的纯度。

（1）SO_4^{2-} 的检验：在第一组溶液中，分别加入 2 滴 1 mol·L^{-1}的 $BaCl_2$ 溶液，比较沉淀产生的情况，在提纯的食盐溶液中应该无沉淀产生。

（2）Ca^{2+} 的检验：在第二组溶液中，各加入 2 滴 0.5 mol·L^{-1} 的草酸铵 $[(NH_4)_2C_2O_4]$溶液，在提纯的食盐溶液中应无白色难溶的草酸钙（CaC_2O_4）沉淀产生。

（3）Mg^{2+} 的检验：在第三组溶液中，各加入 2～3 滴 1 mol·L^{-1} 的 NaOH 溶液，使溶液呈碱性（用 pH 试纸检验），再各加入 2～3 滴"镁试剂"，在提纯的食盐溶液中应无天蓝色沉淀产生。

注：镁试剂是一种有机染料，它在酸性溶液中呈黄色，在碱性溶液中呈红色或紫色，但被 $Mg(OH)_2$ 沉淀吸附后，则呈天蓝色，因此可以用来检验 Mg^{2+} 的存在。

五、数据处理

1. 产品外观

（1）粗盐：_____　　（2）精盐：_____

粗盐质量_____g　　精盐质量_____g

产品纯度（%）=_____

2. 产品纯度检验

表 4-8　实验现象记录及结论

检验目标	检验方法	被检溶液	实验现象	结论
SO_4^{2-}	加 6 mol·L^{-1} HCl，0.2 mol·L^{-1} $BaCl_2$	1 mL 粗 NaCl 溶液		
		1 mL 纯 NaCl 溶液		
Ca^{2+}	饱和$(NH_4)_2C_2O_4$ 溶液	1 mL 粗 NaCl 溶液		
		1 mL 纯 NaCl 溶液		
Mg^{2+}	6 mol·L^{-1} NaOH、镁试剂	1 mL 粗 NaCl 溶液		
		1 mL 纯 NaCl 溶液		

六、思考题

1. 简述粗盐提纯的原理。
2. 简述 Ca^{2+}、Mg^{2+}、SO_4^{2-} 的检验原理。

实验 10　高锰酸钾的制备

一、实验目的

1. 了解碱熔法分解矿石的原理和操作方法。
2. 掌握锰的各种价态之间的转化关系。

二、实验原理

MnO_2 与碱混合并在空气中共熔，便可制得墨绿色的锰酸钾熔体：
$$2MnO_2 + 4KOH + O_2 \longrightarrow 2K_2MnO_4 + 2H_2O$$
本实验是以 $KClO_3$ 作氧化剂，其反应式为：
$$3MnO_2 + 6KOH + KClO_3 \longrightarrow 3K_2MnO_4 + KCl + 3H_2O$$
锰酸钾溶于水并可在水溶液中发生歧化反应，生成高锰酸钾：
$$3MnO_4^{2-} + 2H_2O \longrightarrow MnO_2 + 2MnO_4^- + 4OH^-$$
从上式可知，为了使歧化反应顺利进行，必须随时中和掉所生成的 OH^-，因此常用的方法是通入 CO_2：
$$3MnO_4^{2-} + 2CO_2 \longrightarrow MnO_2 + 2MnO_4^- + 2CO_3^{2-}$$

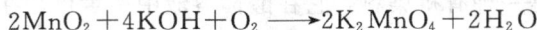

但是这个方法在最理想的条件下，也只能使 K_2MnO_4 的转化率达 66%，尚有 1/3 又变回为 MnO_2。

三、仪器与试剂

仪器：铁坩埚、坩埚钳、铁棒、研钵、250 mL 烧杯、减压过滤装置、布氏漏斗、玻璃棒、滤纸、玻璃砂芯漏斗、蒸发皿、表面皿、分析天平、烘箱

试剂：$MnO_2(s)$、$KClO_3(s)$、$KOH(s)$

四、实验步骤

1. K_2MnO_4 溶液的制备

将 3 g 固体 $KClO_3$ 和 7 g 固体 KOH 放于 60 mL 铁坩埚中，混合均匀，小心加热。待混合物熔融后，一边用铁棒搅拌，一边将 4 g MnO_2 粉末慢慢分多

次加进去。以后熔融物的黏度逐渐增大,这时应大力搅拌,以防结块。待反应物干涸后,提高温度,强热 5 min(此时仍要适当翻动)。待熔融物冷却后,从坩埚中取出,在研钵中研细后连同铁坩埚都放入 250 mL 烧杯中,然后加入约 100 mL 去离子水浸取,浸取过程中不断搅拌,并加热以加速其溶解,用坩埚钳取出坩埚。将浸取液进行减压过滤,得到 K_2MnO_4 溶液。

2. K_2MnO_4 转化为 $KMnO_4$

将上述步骤 1 所得墨绿色溶液趁热通入 CO_2,直至 K_2MnO_4 全部转化为 $KMnO_4$ 和 MnO_2 为止(可用玻璃棒蘸一些溶液,滴在滤纸上,如果只显紫色而无绿色痕迹,即可认为转化完毕)。然后用玻璃砂芯漏斗抽滤,弃去 MnO_2 残渣。溶液转入瓷蒸发皿中,浓缩至表面析出 $KMnO_4$ 晶体,冷却,抽滤至干。晶体放在表面皿上,放入烘箱(温度 80 ℃)烘干。

3. 纯度分析

实验室备有下列药品:基准物质 $H_2C_2O_4$、H_2SO_4。请设计分析方案,确定所制备的 $KMnO_4$ 的百分含量。

五、思考题

1. 制备 K_2MnO_4 时用铁坩埚,为什么不用瓷坩埚?
2. 吸滤 $KMnO_4$ 溶液时,为什么用玻璃砂芯漏斗?
3. 进行产品重结晶时,需加多少水溶解产品?
4. 由 K_2MnO_4 制备 $KMnO_4$,除本实验所用方法外,还有什么方法?
5. 实验中用过的容器,常有棕色垢,是何物质?如何清洗?

实验 11　硝酸钾的制备及溶解度的测定

一、实验目的

1. 学会根据各种盐的溶解度差异用复分解反应制备盐的方法。
2. 掌握托盘天平及量筒的使用,掌握试剂的取用、加热、减压过滤等基本操作。

二、实验原理

当 $NaNO_3$ 和 KCl 溶解在一起时,可有 4 种物质,即 KCl、KNO_3、NaCl 和 $NaNO_3$ 同时存在,但由于它们在不同温度下溶解度不同,如 KCl 和 NaCl

的溶解度随温度变化不大，KNO_3 则随温度变化其溶解度变化很大。$NaNO_3$ 在低温下溶解度较大，随温度升高，其溶解度增加远低于 KNO_3。因此，在加热溶解后的冷却过程中，首先析出的是 $NaCl$ 晶体，溶液中主要成分是 KNO_3。因此，我们通过蒸发、浓缩使 KNO_3 晶体结晶析出。测定在已知量水中恰好溶解已知量 KNO_3 时的温度，即可确定 KNO_3 在该温度下的溶解度。再以溶解度为纵坐标，以温度为横坐标，作出溶解度随温度变化曲线，即得 KNO_3 的溶解度曲线。

三、仪器与试剂

仪器：烧杯、减压过滤装置、玻璃漏斗、布氏漏斗、蒸发皿、大试管、电子天平、移液管

试剂：$NaNO_3(s)$、$KCl(s)$

四、实验步骤

1. 硝酸钾的制备

分别称取 8.5 g $NaNO_3$ 和 7.5 g KCl 晶体，加入一洁净的 100 mL 烧杯中，加蒸馏水 15 mL，在烧杯外壁沿液面做一记号，小火加热使其中的盐全部溶解，再继续加热蒸发，使溶液体积达原体积的 2/3。此时烧杯内有晶体析出（何晶体）。趁热抽滤，滤液中亦有晶体析出（何晶体）。此时向滤液中加沸水 7.5 mL，则晶体溶解。滤液转移至烧杯中小火加热蒸发至原有体积的 3/4。取下静置，随着温度的下降，晶体又复析出，观察晶体的形状，并与漏斗中晶体比较看有何不同，抽滤，称量，计算产率。

2. 硝酸钾溶解度的测定

预备洁净干燥的大试管 1 支，配 1 单孔橡皮塞。插入 110 ℃温度计，使温度计水银球距离试管底约 5 mm。称取固体硝酸钾约 5.0 g，放入大试管中，准确取 4 mL 蒸馏水加入试管中，安装好带有温度计的橡皮塞。水浴加热至沸腾，观察试管内固体是否全部溶解，若试管内固体尚未完全溶解，则须向试管中准确加入 1 mL 蒸馏水，使固体全部溶解。待试管内固体全部溶解后，将试管离开水浴，冷却并不断搅拌，记录溶液内最初出现晶体时的温度，重复加热和冷却，至两次测量所得数据之差不超过 0.5 ℃。向试管内再准确加入 1 mL 蒸馏水重复上述实验，直至饱和温度达 30 ℃或更低。计算硝酸钾在不同温度下的溶解度，绘制溶解度曲线。

在溶解度的测定中应注意下列问题：

简言之，"内低外高水浴热，温度计在试管中"。

内低外高水浴热：意思是说配制硝酸钾的饱和溶液时，必须在水浴中加热，以利于控制温度；试管内的液面要低于热水的液面，这样使试管内的液体受热均匀，达到与水浴相同的温度。

温度计在试管中：意思是说配制饱和溶液时，温度计务必放在试管内，不得放在水浴中。

五、提示与参考

表 4-9　几种盐在不同温度下的溶解度($g/100\ g\ H_2O$)

盐	温度/℃								
	10	20	30	40	50	60	70	80	90
KCl	31	34	37	40	42.6	45.5	48.3	51.1	54
KNO₃	20.9	31.6	45.8	63.9	85.5	110	138	169	202
NaCl	35.8	36	36.3	36.6	37	37.3	37.8	38.4	39
NaNO₃	80	88	96	104	114	124	—	148	—

六、思考题

1. 产品中的主要杂质是什么？

2. 若采用重结晶除杂，蒸发温度应控制在什么范围内？

3. 可否将除去氯化钠后的滤液直接冷却制取 KNO_3？

实验 12　硫酸铵肥料中含氮量的测定(甲醛法)

一、实验目的

1. 了解铵盐含氮量的测定可选用的方法；了解铵盐等弱酸性肥料为什么要用甲醛处理。

2. 掌握甲醛法测定铵态氮的原理和方法。

3. 进一步训练滴定操作技术，从严考核滴定结果，其相对误差不大于±0.3%。

二、实验原理

铵盐是常见的无机化肥，是强酸弱碱盐，可用酸碱滴定法测定其含量，但由于 NH_4^+ 的酸性太弱（$K_a = 5.6 \times 10^{-10}$），直接用 NaOH 标准溶液滴定有困难，生产和实验室中广泛采用甲醛法测定铵盐中的含氮量。甲醛法是基于甲醛与一定量铵盐作用，生成相当量的酸（H^+）和六次甲基四铵盐（$K_a = 7.1 \times 10^{-6}$），反应如下：

$$4NH_4^+ + 6HCHO = (CH_2)_6N_4H^+ + 6H_2O + 3H^+$$

所生成的 H^+ 和六次甲基四铵盐，可以酚酞为指示剂，用 NaOH 标准溶液滴定。再按下式计算含量：

$$N\% = \frac{(cV)_{NaOH} M_N}{m \times 1\,000} \times 100$$

式中，M_N 为氮原子的摩尔质量（$14.01\ g \cdot mol^{-1}$）。

三、仪器与试剂

仪器：分析天平、100 mL 烧杯、250 mL 容量瓶、25 mL 移液管、锥形瓶、滴定管、量筒

试剂：$0.1\ mol \cdot L^{-1}$ NaOH 溶液、0.2% 酚酞溶液、0.2% 甲基红指示剂、（1:1）甲醛溶液

四、实验步骤

1. 甲醛溶液的处理：甲醛中常含有微量甲酸（是由甲醛受空气氧化所致），应除去，否则产生正误差。处理方法如下：取 40% 的原装甲醛①的上层清液于烧杯中，用水稀释 1 倍，加入 1～2 滴 0.2% 酚酞指示剂，用 $0.1\ mol \cdot L^{-1}$ NaOH 溶液中和至甲醛溶液呈淡红色。

2. 试样中含氮量的测定：准确称取 0.4 g～0.5 g 的 NH_4Cl 或 1.6 g～1.8 g 的 $(NH_4)_2SO_4$ 于烧杯中，用适量蒸馏水溶解，然后定量地移至 250 mL 容量瓶中，最后用蒸馏水稀释至刻度，摇匀。用移液管移取试液 25 mL 于锥形瓶中，加 1～2 滴甲基红指示剂，溶液呈红色，用 $0.1\ mol \cdot L^{-1}$ NaOH 溶液中和至红色转为金黄色，然后加入 8 mL 已中和的 1:1 甲醛溶液，再加入 1～

---

① 甲醛常以白色聚合状态存在，称为多聚甲醛。甲醛溶液中含有少量多聚甲醛不影响滴定。

2 滴酚酞指示剂摇匀，静置 1 min 后，用 0.1 mol·L^{-1} NaOH 标准溶液滴定至溶液呈淡红色且持续半分钟不褪，即为终点①。记录读数，平行做 2~3 次。根据 NaOH 标准溶液的浓度和滴定消耗的体积，计算试样中氮的含量。

五、数据处理

表 4-10　称量记录

第一次 $(NH_4)_2SO_4$ ＋称量瓶质量/g	
第二次 $(NH_4)_2SO_4$ ＋称量瓶质量/g	
样品 $(NH_4)_2SO_4$ 质量/g	

表 4-11　NaOH 标准溶液滴定 $(NH_4)_2SO_4$ 数据

	c_{NaOH}		
	1	2	3
$(NH_4)_2SO_4$ 溶液体积			
NaOH 标准液最初读数/mL			
NaOH 标准液最后读数/mL			
消耗 NaOH 标准液体积/mL			
N％			
平均值			
相对偏差			

实验 13　从海带中提取碘

一、实验目的

1. 了解从海带中提取碘的原理。
2. 掌握从海带中提取碘的方法。

二、实验原理

海带中含有碘化物，利用 H_2O_2 可将 I^- 氧化成 I_2。本实验先将干海带灼烧

---

① 由于溶液中已经有甲基红，再用酚酞作指示剂，存在两种变色不同的指示剂，用 NaOH 滴定时，溶液颜色是由红转变为浅黄色（pH 约为 6.2），再转变为淡红色（pH 约为 8.2）。终点为甲基红的黄色和酚酞的红色的混合色。

去除有机物，剩余物用 H_2O_2-H_2SO_4 处理，使得 I^- 被氧化成 I_2。生成的 I_2 又与碱反应。

$$2I^- + H_2O_2 + 2H^+ = I_2 + 2H_2O$$
$$3I_2 + 6NaOH = 5NaI + NaIO_3 + 3H_2O$$

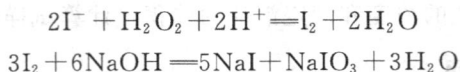

三、仪器与试剂

仪器：烧杯、试管、坩埚、坩埚钳、铁架台、三脚架、泥三角、玻璃棒、酒精灯、量筒、胶头滴管、托盘天平、刷子、漏斗、滤纸、火柴、剪刀

试剂：干海带、过氧化氢溶液（H_2O_2 的质量分数为 3%）、硫酸（3 mol·L^{-1}）、NaOH 溶液、酒精、淀粉溶液

四、实验步骤

1. 称取 3 g 干海带，将海带剪碎，用酒精润湿（便于灼烧）后，放在坩埚中。

2. 用电炉灼烧盛有海带的坩埚，至海带完全成灰，停止加热，冷却。

3. 将海带灰转移到小烧杯中，再向烧杯中加入 10 mL 蒸馏水，搅拌，煮沸 2 min～3 min，使可溶物溶解，过滤。

4. 取少量上述滤液，滴加几滴淀粉溶液，观察现象。向滤液中滴入几滴硫酸，再加入约 1 mL H_2O_2 溶液，振荡，观察现象。

5. 另取少量上述滤液，向滤液中滴入几滴硫酸和 1 mL H_2O_2 溶液。再加入 2 mL CCl_4 溶液，振荡，观察现象。

6. 向剩余的滤液中加入 1 mL 硫酸和 2 mL H_2O_2 溶液，再加入 1 mol·L^{-1} NaOH 溶液，充分振荡后，将混合液倒入指定的容器中。

五、注意事项

干海带表面的附着物不要用水洗，是为了防止海带中的碘化物溶于水而造成损失。

六、思考题

1. 上述实验中的哪些现象可以说明海带中含有碘？

第 5 章　定量分析实验

实验 1　电子分析天平的使用与玻璃仪器的校准

一、实验目的

1. 掌握电子分析天平的正确使用方法及准确称量物质质量的方法。
2. 了解滴定管、移液管和容量瓶的校准意义。
3. 掌握滴定管、移液管和容量瓶的校准方法。

二、实验原理

滴定管、移液管和容量瓶是滴定分析法所用的主要量器。由于各种原因，容量器皿的容积与其所标出的容积并非完全相符合。因此，在准确度要求较高的分析工作中，必须对容量器皿进行校准。由于玻璃器皿具有热胀冷缩的特性，在不同的温度下容量器皿的容积也有所不同。因此，校准玻璃容量器皿时，必须规定一个共同的温度值，这一规定温度值为标准温度。国际上规定玻璃容量器皿的标准温度为 20 ℃。即在校准时都将玻璃容量器皿的容积校准到 20 ℃时的实际容积。容量器皿的校准常采用两种方法，即相对校准法和绝对校准法。

当两种容器容积之间有一定的比例关系时，常采用相对校准法。例如，25 mL 移液管量取液体的体积应等于 250 mL 容量瓶量取体积的 10%。绝对校准法是测定容量器皿的实际容积。常用的校准方法为衡量法，又叫称量法，即用天平称得容量器皿容纳或放出纯水的质量，然后根据水的密度，计算出该容量器皿在标准温度 20 ℃时的实际容积。由质量换算成容积时，需考虑三方面的影响：(1)水的密度随温度的变化；(2)温度对玻璃器皿容积胀缩的影响；(3)在空气中称量时空气浮力的影响。为了方便计算，将上述三种因素综合考虑，得到一个总校准值。经总校准后的纯水密度列于表 5-1。

表 5-1　不同温度下纯水的密度

温度/℃	10	11	12	13	14	15	16	17
密度/(g·mL^{-1})	0.998 4	0.998 3	0.998 2	0.998 1	0.998 0	0.997 9	0.997 8	0.997 6

续表

温度/℃	18	19	20	21	22	23	24	25
密度/(g·mL^{-1})	0.997 5	0.997 3	0.997 2	0.997 0	0.996 8	0.996 6	0.996 4	0.996 1
温度/℃	26	27	28	29	30			
密度/(g·mL^{-1})	0.995 9	0.995 6	0.995 4	0.995 1	0.994 8			

三、仪器与试剂

仪器：电子分析天平、25 mL 滴定管、25 mL 移液管、100 mL 容量瓶
试剂：粉状试剂

四、实验步骤

1. 称量练习

(1)直接法称量(固定质量称量)

①称量小烧杯、笔、硬币等的质量。

②准确称取 0.500 0 g 给定固体试样(称准到小数点后第 4 位)。

注意：不要将试样撒落在桌面上。

(2)减量法称量(参考第 3 章)

要求：用减量法准确称取 2 份 0.50 g～0.60 g 给定的固体粉末试样(称准到小数点后第 4 位)。

注意：若从称量瓶中倒出的药品太多，不能再倒回称量瓶中，应重新称量。天平称量操作应耐心细致，严格遵守减量法称量步骤，不可急于求成。

2. 玻璃仪器的校准

(1)25 mL 滴定管的校准

用铬酸洗液(滴定管不洁的情况下)洗净 1 支 25 mL 滴定管，用洁布擦干外壁，倒挂于滴定台上 5 min 以上，洗净的滴定管注入纯水至液面距最高标线以上约 5 mm 处(是否要赶气泡)，垂直挂在滴定台上，等待 30 s 后调节液面至 0.00 mL。取一个洗净晾干的 50 mL 具塞锥形瓶，在电子天平上称准至 0.000 1 g。打开滴定管旋塞向锥形瓶中放水，当液面降至被校分度线以上约 0.5 mL 时，等待 15 s。然后在 10 s 内将液面调节至被校分度线，随即使锥形瓶内壁接触管尖，以除去挂在管尖下的液滴，立即盖上瓶塞进行称量。测量水温后即可计算被校分度线的实际容量，并求出校正值。按表 5-2 所列容量间隔进行分段校准，每次都从滴定管 0.00 mL 标线开始，每支滴定管重复校准 1

次，数据记录于表 5-2。

校准值 $\Delta V = V_{20} - V$。其中，V_{20} 为 20 ℃时实际容量(mL)；V 为滴定管读数值(mL)。

(2)25 mL 移液管和 250 mL 容量瓶之间的相对校准

用 25 mL 移液管吸取去离子水注入洁净并干燥的 250 mL 容量瓶中(操作时切勿让水碰到容量瓶的磨口)。重复 10 次，然后观察溶液弯月面下缘是否与刻度线相切，若不相切，另做新标记，经相互校准后的容量瓶与移液管均做上相同记号，可配套使用。

五、数据处理

1. 小烧杯质量＝＿＿＿＿＿＿＿＿＿＿＿＿＿＿

　　笔质量＝＿＿＿＿＿＿＿＿＿＿＿＿＿＿＿＿

　　硬币质量＝＿＿＿＿＿＿＿＿＿＿＿＿＿＿＿

2. 滴定管的校准数据记录于表 5-2。

表 5-2　滴定管校准记录格式

校准分段 /mL	称量记录/g				水的质量/g			实际体积 /mL	校正值/mL $(\Delta V = V_{20} - V)$
	第一次		第二次		1	2	平均		
	瓶	瓶＋水	瓶	瓶＋水					
0.00～0.00									
0.00～5.00									
0.00～10.00									
0.00～15.00									
0.00～20.00									
0.00～25.00									

六、思考题

1. 托盘天平在使用前是否需要调零？如何调零？称量时砝码在左盘还是右盘？

2. 简述电子分析天平的使用步骤。

3. 在读数中，托盘天平、电子分析天平保留到小数点后几位？

4. 简述"减量法"和"增量法"。

5. 简述滴定管校准的原理及方法。

6. 简述容量瓶与移液管相对校准方法。容量瓶是否需要干燥？

7. 容量器皿为什么要校准？

8. 称量纯水所用的具塞锥形瓶，为什么要避免将磨口部分和瓶塞沾湿？

9. 分段校准滴定管时，为何每次都要从 0.00 mL 开始？

实验 2 酸碱标准溶液的配制与比较

一、实验目的

1. 熟悉酸碱标准溶液的配制方法。

2. 掌握滴定操作和滴定终点的判断。

3. 掌握终点附近半滴的操作方法。

二、实验原理

1. NaOH 溶液的配制

NaOH 容易吸收空气中的 CO_2 而使配得的溶液中含有少量 Na_2CO_3，经过标定的含碳酸盐的标准碱溶液用来测定酸含量时，若使用与标定时相同的指示剂，则对测定结果无影响；若标定与测定不是用相同的指示剂，则将发生一定的误差。因此，应配制不含碳酸盐的标准碱溶液。

配制不含 Na_2CO_3 的标准 NaOH 溶液的方法很多，最常见的是用 NaOH 饱和水溶液（120∶100）配制。Na_2CO_3 在饱和 NaOH 溶液中不溶解，待 Na_2CO_3 沉淀后，量取上层澄清液，再稀释至所需浓度，即得到不含 Na_2CO_3 的 NaOH 溶液。

饱和 NaOH 溶液含量约为 54%（质量分数），密度约 $1.56\ \mathrm{g \cdot mL^{-1}}$。用来配制 NaOH 溶液的水应加热煮沸，放冷，除去其中的 CO_2。

2. HCl 溶液的配制

商品 HCl 的物质的量浓度为 $12\ \mathrm{mol \cdot L^{-1}}$，根据配制前后 HCl 的量不变计算 HCl 的体积，用量筒量取计算量进行配制。

三、仪器与试剂

仪器：托盘天平、25 mL 滴定管

试剂：NaOH 固体、HCl 溶液（$12\ \mathrm{mol \cdot L^{-1}}$）、甲基橙指示剂、酚酞指示剂

四、实验步骤

1. 0.1 mol·L⁻¹ NaOH 和 HCl 溶液的配制

用洁净的 10 mL 量筒量取浓 HCl(12 mol·L⁻¹)_____mL(计算量)于 500 mL 玻璃试剂瓶中(试剂瓶中最好提前加入约 100 mL 蒸馏水,预防浓 HCl 蒸发),加水稀释至 500 mL,混合均匀,贴上标签。

在天平上称取 NaOH 固体_____g(比计算值略大),配制成饱和溶液,取出清液于塑料试剂瓶中,用蒸馏水稀释至 500 mL,混合均匀,贴上标签。

2. 酸碱标准溶液浓度的比较

将碱式滴定管中的 NaOH 溶液约 20 mL 放入 250 mL 的洁净锥形瓶内,加甲基橙指示剂 1～2 滴,然后从酸式滴定管中将盐酸溶液滴入锥形瓶中,同时不断将锥形瓶摇动使溶液混合。注意滴定的速度不宜太快,接近终点变色时,练习半滴滴定的操作,直到溶液由黄色变为橙色停止滴定。记录滴定管滴定前的"初读数"和滴定后的"终读数",以及消耗盐酸和 NaOH 溶液的体积,计算 V_{HCl} 与 V_{NaOH} 的比值。把甲基橙指示剂换成酚酞指示剂,重复进行实验。

重复滴定 2 次,计算 V_{HCl} 与 V_{NaOH},并求其平均值及平均相对偏差。所有数据都记录于表 5-3 中。

表 5-3 酸碱标准溶液的比较数据记录表

	甲基橙 1	甲基橙 2	酚酞 1	酚酞 2
NaOH 溶液初读数/mL				
NaOH 溶液终读数/mL				
V_{NaOH}/mL				
HCl 溶液初读数/mL				
HCl 溶液终读数/mL				
V_{HCl}/mL				
V_{HCl}/V_{NaOH}				
V_{HCl}/V_{NaOH} 的平均值				
平均相对偏差				

五、思考题

1. 配制 0.1 mol·L⁻¹ NaOH 溶液和 HCl 溶液的质量和体积如何计算?

2. 为配制不含碳酸钠的 NaOH 溶液，应如何配制？

3. 分别使用甲基橙指示剂与酚酞指示剂，滴定结果是否相同，为什么？

4. 用量筒还是用移液管量取浓 HCl 体积？为什么？

5. 配制 500 mL 0.1 mol·L⁻¹ HCl 溶液，如何计算所需要的市售浓 HCl 的体积(mL)。

实验 3　酸碱标准溶液的标定

一、实验目的

1. 进一步熟练掌握配制标准溶液的方法。

2. 掌握酸碱标准溶液的标定方法。

3. 进一步熟练掌握滴定操作和滴定终点的判断。

二、实验原理

1. 0.1 mol·L⁻¹ NaOH 溶液的标定

标定碱标准溶液的基准物质很多，如草酸($H_2C_2O_4 \cdot 2H_2O$)、苯甲酸(C_6H_5COOH)、氨基磺酸(NH_2SO_3H)、邻苯二甲酸氢钾($HOOCC_6H_4COOK$)等，目前常用的是邻苯二甲酸氢钾，其滴定反应如下：

$$\text{(邻苯二甲酸氢钾)} + NaOH \longrightarrow \text{(邻苯二甲酸钾钠盐)} + H_2O$$

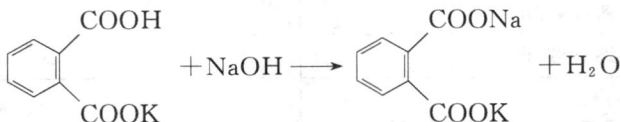

计量点时由于弱酸盐的水解，溶液呈微碱性，应采用酚酞作指示剂。

2. HCl 标准溶液浓度的标定

标定盐酸标准溶液的基准物有无水碳酸钠、硼砂等，其滴定反应(以无水碳酸钠作基准物为例)如下：

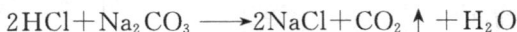

$$2HCl + Na_2CO_3 \longrightarrow 2NaCl + CO_2 \uparrow + H_2O$$

计量点时由于溶液呈弱酸性，应采用甲基橙作指示剂。

三、仪器与试剂

仪器：电子分析天平、称量瓶、滴定管、容量瓶、锥形瓶、烧杯等

试剂：NaOH(AR 或 CP)、浓盐酸(市售)、邻苯二甲酸氢钾(基准试剂，

于 105 ℃～110 ℃干燥至恒重)、无水碳酸钠、酚酞指示剂(1‰乙醇溶液)、甲基橙指示剂

四、实验步骤

1. 0.1 mol·L^{-1} NaOH、HCl 标准溶液的配制(或采用已配制好的溶液)

2. 0.1 mol·L^{-1} NaOH 溶液的标定

采用减量法准确称取在 105 ℃～110 ℃干燥至恒重的基准邻苯二甲酸氢钾(其质量按消耗 20 mL～25 mL HCl 溶液计,请自己计算)_____g 于 250 mL 锥形瓶中,加约 50 mL 水溶解后,加酚酞指示剂 2 滴,用 0.1 mol·L^{-1} 的 NaOH 溶液滴定至溶液呈淡粉红色保持 30 s 不褪即为终点。记录所耗用的 NaOH 溶液的体积,做 3 次平行测定。

$$c_{NaOH}=\frac{m_{KHC_8O_4H_4}\times1\,000}{M_{KHC_8O_4H_4}\times V_{NaOH}}$$

3. 0.1 mol·L^{-1} HCl 标准溶液浓度的标定

在电子分析天平上,准确称取已烘干的无水碳酸钠(其质量按消耗 20 mL～25 mL HCl 溶液计,请自己计算)_____g,置于 250 mL 锥形瓶中,加水约 30 mL,温热,摇动使之溶解,以甲基橙为指示剂,以 0.1 mol·L^{-1} HCl 标准溶液滴定至溶液由黄色转变为橙色,即为终点。记下 HCl 标准溶液的耗用量,重复测定 3 次,并计算出 HCl 标准溶液的浓度。

五、数据处理

表 5-4　NaOH 溶液的标定数据

试样编号	1	2	3
m_{HKP}/g			
V_{NaOH}初读数/mL			
V_{NaOH}终读数/mL			
V_{NaOH}/mL			
c_{NaOH}/mol·L^{-1}			
c_{NaOH}(平均)/mol·L^{-1}			
平均偏差			
相对平均偏差/%			

表 5-5 HCl 溶液的标定数据

试样编号	1	2	3
$m_{Na_2CO_3}/g$			
V_{HCl}初读数/mL			
V_{HCl}终读数/mL			
V_{HCl}/mL			
$c_{HCl}/mol \cdot L^{-1}$			
c_{HCl}（平均）/mol · L^{-1}			
平均偏差			
相对平均偏差/%			

六、思考题

1. 标定 NaOH 和 HCl 溶液有哪些基准物质？

2. 标定过程中，基准物质的质量范围如何计算？

3. 标定 NaOH 和 HCl 溶液的原理是什么？选用何种指示剂？为什么？

4. 基准物质应满足哪些条件？

5. 用 Na_2CO_3 作基准物标定 HCl 时，为什么用甲基橙作指示剂？能用酚酞作指示剂吗？为什么？

6. 无水 Na_2CO_3 如果保存不当吸有少量水分，对标定 HCl 溶液的浓度有何影响？

7. 本实验中哪些数据需精确测定？各用什么仪器？

实验 4 混合碱含量的测定

··

一、实验目的

1. 进一步熟练掌握滴定操作和滴定终点的判断。

2. 掌握混合碱分析的测定原理、方法和计算。

二、实验原理

混合碱是 Na_2CO_3 与 NaOH 或 Na_2CO_3 与 $NaHCO_3$ 的混合物，可采用"双

指示剂法"测定各组分的含量。"双指示剂法"是指选用两种不同指示剂分别指示第一、第二化学计量点的到达。

在混合碱的试液中加入酚酞指示剂，用 HCl 标准溶液滴定至溶液呈微红色。此时试液中所含 NaOH 完全被中和，Na_2CO_3 也被滴定成 $NaHCO_3$，反应如下：

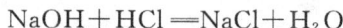

$$NaOH + HCl = NaCl + H_2O$$
$$Na_2CO_3 + HCl = NaCl + NaHCO_3$$

设滴定消耗的 HCl 标准溶液的体积为 V_1 mL，再加入甲基橙指示剂，继续用 HCl 标准溶液滴定至溶液由黄色变为橙色即为终点。此时 $NaHCO_3$ 被中和成 H_2CO_3，反应为：

$$NaHCO_3 + HCl = NaCl + H_2O + CO_2\uparrow$$

设此时消耗 HCl 标准溶液的体积为 V_2 mL。根据 V_1 和 V_2 可以判断出混合碱的组成及计算混合碱各成分的含量。

设试液的体积为 V mL。

当 $V_1 > V_2$ 时，试液为 NaOH 和 Na_2CO_3 的混合物，NaOH 和 Na_2CO_3 的含量(以质量浓度 $g \cdot L^{-1}$ 表示)可由下式计算：

$$w_{NaOH}\% = \frac{(V_1 - V_2)c_{HCl}M_{NaOH}}{V} \times 100\%$$

$$w_{Na_2CO_3}\% = \frac{V_2 c_{HCl}M_{Na_2CO_3}}{V} \times 100\%$$

当 $V_1 < V_2$ 时，试液为 Na_2CO_3 和 $NaHCO_3$ 的混合物，NaOH 和 $NaHCO_3$ 的含量(以质量浓度 $g \cdot L^{-1}$ 表示)可由下式计算：

$$w_{Na_2CO_3}\% = \frac{V_1 c_{HCl}M_{Na_2CO_3}}{V} \times 100\%$$

$$w_{NaHCO_3}\% = \frac{(V_2 - V_1)c_{HCl}M_{NaHCO_3}}{V} \times 100\%$$

三、仪器与试剂

仪器：酸式滴定管、250 mL 锥形瓶、分析天平

试剂：$0.1\ mol \cdot L^{-1}$ HCl 标准溶液、$1\ g \cdot L^{-1}$ 甲基橙水溶液、$2\ g \cdot L^{-1}$ 酚酞乙醇溶液、混合碱样

四、实验步骤

准确称取混合碱样_____g(根据提供样品而定)，溶解、定容至

250 mL，用移液管准确移取 25.00 mL 混合碱液于 250 mL 锥形瓶中，加 2～3 滴酚酞指示剂，以 0.100 0 mol·L⁻¹ HCl 标准溶液滴定至红色变为微红色，为第一终点，记下消耗 HCl 标准溶液体积 V_1；再加入 2 滴甲基橙，继续用 HCl 标准溶液滴定至溶液由黄色恰变成橙色，为第二终点，记下消耗 HCl 标准溶液体积 V_2。平行测定 3 次，根据 V_1、V_2 的大小判断混合物的组成，计算各组分的含量。

五、数据处理

HCl 的浓度 _____ mol·L⁻¹

表 5-6 混合碱含量测定数据记录表

	试样编号	1	2	3
	混合碱质量/g			
酚酞	$V_{1\,HCl}$初读数/mL			
	$V_{1\,HCl}$终读数/mL			
	$V_{1\,HCl}$/mL			
甲基橙	$V_{2\,HCl}$初读数/mL			
	$V_{2\,HCl}$终读数/mL			
	$V_{2\,HCl}$/mL			
	$(V_2-V_1)_{HCl}$/mL			

六、思考题

1. 常说的混合碱有哪几种组成？

2. 用双指示剂法测定混合碱组成的方法、原理是什么？

3. 测定混合碱组成的步骤有哪些？

4. 如何计算混合碱的组成？

5. 采用双指示剂法测定混合碱，试判断下列五种情况下混合碱的组成。

(1)$V_1=0$，$V_2>0$ (2)$V_1>0$，$V_2=0$ (3)$V_1>V_2$

(4)$V_1<V_2$ (5)$V_1=V_2$

实验 5　EDTA 标准溶液的配制和标定

一、实验目的

1. 掌握 EDTA 标准溶液的配制以及标定原理和方法。
2. 了解金属指示剂变色原理及使用注意事项。

二、实验原理

乙二胺四乙酸（简称 EDTA，常用 H_4Y 表示）难溶于水，常温下其溶解度为 $0.2\ g\cdot L^{-1}$，在分析中不能适用于配制标准溶液，通常使用其二钠盐配制标准溶液。乙二胺四乙酸二钠盐的溶解度为 $120\ g\cdot L^{-1}$，可配成 $0.3\ mol\cdot L^{-1}$ 以上浓度的溶液，其水溶液 $pH=4.8$，通常采用间接法配制标准溶液。

标定 EDTA 标准溶液常用的基准物有 Zn、ZnO、$CaCO_3$ 等。通常选用与被测组分相同的物质作基准物，这样滴定条件较一致，可减少系统误差。

EDTA 溶液若用于测定石灰石或白云石中 CaO、MgO 的含量，则宜用 $CaCO_3$ 为基准物。首先可加 HCl 溶液溶解 $CaCO_3$，其反应如下：

$$CaCO_3 + 2HCl \longrightarrow CaCl_2 + H_2O + CO_2\uparrow$$

然后把溶液转移到容量瓶中并稀释，制成钙标准溶液。吸取一定量钙标准溶液，调节酸度至 $pH\geqslant12$，用钙指示剂指示 EDTA 滴定至溶液从酒红色变为纯蓝色即为终点，其变色原理如下：钙指示剂（常以 H_3Ind 表示）在溶液中按下式电离：

$$H_3Ind \longrightarrow 2H^+ + HInd^{2-}$$

在 $pH\geqslant12$ 的溶液中，$HInd^{2-}$ 与 Ca^{2+} 形成比较稳定的络离子，反应如下：

$$HInd^{2-}（纯蓝色）+ Ca^{2+} \longrightarrow CaInd^-（紫红色）+ H^+$$
$$CaInd^- + H_2Y^{2-} \longrightarrow CaY^{2-} + HInd^{2-}（纯蓝色）+ H^+$$

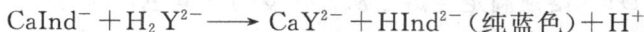

以 ZnO 为基准物质标定其浓度。滴定条件如下：$pH=10$，以铬黑 T 为指示剂，终点时溶液由紫红色变为纯蓝色。滴定过程中的反应为：

滴定前：　　　　$Zn^{2+} + HIn^{2-} \longrightarrow ZnIn^- + H^+$
终点时：　　　　$ZnIn^- + H_2Y^{2-} \longrightarrow ZnY^{2-} + HIn^{2-} + H^+$
　　　　　　　　紫红色　　　　　　　　　　　　纯蓝色

三、仪器与试剂

仪器：分析天平、100 mL 烧杯、锥形瓶、滴定管、量筒、表面皿

95

试剂：乙二胺四乙酸二钠、$CaCO_3$、盐酸（1：1）、镁溶液（溶解 1 g $MgSO_4 \cdot 7H_2O$ 于水中，稀释至 200 mL）、NaOH 溶液（10%）、钙指示剂（固体指示剂）、二甲酚橙指示剂（0.2% 水溶液）、ZnO 基准试剂、铬黑 T 指示剂（铬黑 T 0.1 g 与研细的 NaCl 10 g 混匀）、氨—氯化铵缓冲溶液（pH＝10）（取 20 g NH_4Cl 溶于少量水中，加入 100 mL 浓氨水，用水稀释至 1 000 mL）

四、实验步骤

1. 0.02 mol · L^{-1} EDTA 溶液的配制

取 EDTA-Na_2 · $2H_2O$ 计算的质量 3.8 g 于烧杯中，加 100 mL 蒸馏水温热使其溶解，稀释至 500 mL，摇匀，储存于聚乙烯瓶中，贴上标签。

2. ZnO 为基准物标定 EDTA 溶液

准确称取在 800 ℃ 灼烧至恒重的基准 ZnO 0.35 g～0.4 g，润湿后加 (1：1)HCl 3 mL 使之溶解，转移，定容至 250 mL。

准确移取 25.00 mL Zn 标准液于 250 mL 锥形瓶中，加水约 20 mL，加 2 滴二甲酚橙作指示剂，然后滴加 20% 六次甲基四胺至溶液呈稳定的紫红色，再多加 3 mL，用 EDTA 溶液滴定至溶液由红紫色变成亮黄色，即为终点。氨试液至溶液呈微黄色。做 3 次平行测定。

3. 用 $CaCO_3$ 基准物标定 EDTA 溶液

置 $CaCO_3$ 基准物于称量瓶中，在 120 ℃ 干燥 2 h，冷却后，准确称取 0.5 g～0.6 g $CaCO_3$ 于 250 mL 烧杯中，盖上表面皿，加水润湿，再从烧杯嘴边逐滴加入数毫升 1：1 盐酸，完全溶解后，淋洗表面皿并使洗涤液进入烧杯中，转移至 250 mL 容量瓶中，稀释至刻度。

用移液管移取 25.00 mL 标准钙溶液于 250 mL 锥形瓶中，加入约 25 mL 水、2 mL 镁溶液、10 mL 10% NaOH 溶液及约 10 mg（米粒大小）钙指示剂，摇匀后，用 EDTA 溶液滴定至溶液从红色变为纯蓝色，即为终点，记录消耗的 EDTA 体积。做 3 次平行测定。

五、数据记录

表 5-7　EDTA 标准溶液标定数据记录

试样编号	1	2	3
$CaCO_3$ 基准试剂质量 m_{CaCO_3}/g			
容量瓶容积 V/mL			

续表

试样编号	1	2	3
c_{CaCO_3}/mol·L^{-1}			
V_{EDTA}初读数/mL			
V_{EDTA}终读数/mL			
V_{EDTA}/mL			

六、思考题

1. 用 CaCO$_3$ 作基准物，以钙指示剂指示终点标定 EDTA 浓度时，溶液的酸度应控制在何 pH 范围？若溶液为强酸性，应如何调节？

2. 用 CaCO$_3$ 作基准物标定 EDTA 浓度时，为什么要加入少量的镁溶液？

实验 6　水的硬度测定

一、实验目的

1. 了解配位滴定法测定水硬度的原理和方法。
2. 掌握水硬度的计算方法。

二、实验原理

硬度是指水中的钙盐和镁盐的含量，它是锅炉水等水样非常重要的指标，对硬度的良好控制能确保锅炉安全运行，提高锅炉效率，延长锅炉使用年限，节约能源等。水的硬度包括永久硬度和暂时硬度。在水中以碳酸氢盐存在的钙、镁盐，加热后被分解，析出沉淀而除去。这类盐形成的硬度称为暂时硬度。

$$Ca(HCO_3)_2 \xrightarrow{\triangle} CaCO_3 \downarrow + H_2O + CO_2 \uparrow$$

而钙、镁的硫酸盐或氯化物等所形成的硬度称为永久硬度。

常水用作锅炉用水，经常要进行硬度分析，测定水的总硬度就是测定水中钙、镁的总量。

在 pH=10 时，以铬黑 T 为指示剂，用 0.01 mol·L^{-1} 的 EDTA 标准溶液直接滴定水中的 Ca^{2+}、Mg^{2+}。

滴定前：

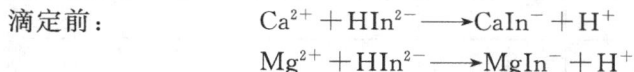

$$Ca^{2+} + HIn^{2-} \longrightarrow CaIn^- + H^+$$
$$Mg^{2+} + HIn^{2-} \longrightarrow MgIn^- + H^+$$

终点时：　　　　　$MgIn^- + H_2Y^{2-} \longrightarrow MgY^{2-} + HIn^{2-} + H^+$

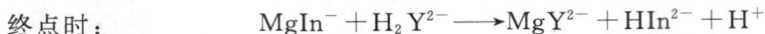

表示硬度常用两种方法：

(1)将测得的 Ca^{2+}、Mg^{2+} 以每升溶液中含 CaO 的毫克数表示硬度，即 1 mg $CaO \cdot L^{-1}$。

(2)将测得的 Ca^{2+}、Mg^{2+} 折算为 CaO 的质量，以每升水中含 10 mg CaO 为 1°(德国度)表示硬度。

三、仪器与试剂

仪器：移液管、锥形瓶、滴定管、量筒

试剂：0.02 mol · L^{-1} EDTA 溶液、铬黑 T 指示剂、pH＝10 的氨—氯化铵缓冲溶液

四、实验步骤

量取水样 100 mL 于锥形瓶中，加 pH＝10 的氨—氯化铵缓冲溶液 5 mL，加铬黑 T 指示剂少许(约 0.1 g)，用 0.02 mol · L^{-1} EDTA 标准溶液滴定至溶液由紫红色变为纯蓝色，即为终点。做 3 次平行测定。

五、注意事项

滴定时，因反应速度较慢，在接近终点时，标准溶液应慢慢加入，并充分摇动。

六、数据处理

表 5-8　硬度数据记录

$c_{EDTA}＝$ _____ mol · L^{-1}

试样编号	1	2	3
水样/mL	100.0	100.0	100.0
V_{EDTA} 初读数/ mL			
V_{EDTA} 终读数/ mL			
V_{EDTA}/ mL			
硬度(CaO)/mg · L^{-1}			
硬度平均值/mg · L^{-1}			
极差			
平均值的相对极差/%			

七、思考题

1. 什么叫水的硬度？硬度有哪几种表示方法？
2. 为什么测定水的硬度时，要用 $0.01\ mol \cdot L^{-1}$ 的 EDTA 溶液？
3. 水的硬度测定有何意义？
4. 配位滴定法测定水硬度的原理和方法是什么？
5. 取水样为何用量筒？
6. 如何计算水的硬度？

实验 7　高锰酸钾标准溶液的配制和标定

一、实验目的

1. 掌握 $KMnO_4$ 标准溶液的配制方法和保存方法。
2. 掌握用 $Na_2C_2O_4$ 标定 $KMnO_4$ 标准溶液浓度的方法、原理和注意事项。

二、实验原理

$KMnO_4$ 是一种强氧化剂，在酸性溶液中可以直接测定很多还原性物质，利用返滴定法测定很多氧化性物质，其半电池反应为：

$$MnO_4^- + 8H^+ + 5e^- = Mn^{2+} + 4H_2O$$

通常滴定溶液的酸度要保持在 $1\ mol \cdot L^{-1} \sim 2\ mol \cdot L^{-1}$。

市售 $KMnO_4$ 中常含少量 MnO_2 杂质，在配成溶液后，有 MnO_2 混在里面会起催化剂作用，使 $KMnO_4$ 逐渐分解，所以必须过滤除去（用什么过滤）。配制溶液用的水也不应含有有机还原剂。

光照促使 $KMnO_4$ 逐渐分解。在空气中 $KMnO_4$ 容易还原，故配好的溶液应放在棕色玻璃瓶中，密闭保存。

$Na_2C_2O_4$ 与 $KMnO_4$ 反应的方程式为：

$$2MnO_4^- + 5C_2O_4^{2-} + 16H^+ = 2Mn^{2+} + 10CO_2 \uparrow + 8H_2O$$

由于 $Na_2C_2O_4$ 与 $KMnO_4$ 的反应较慢，开始滴定时加入的 $KMnO_4$ 不会立即褪色，但一经反应生成 Mn^{2+} 后，Mn^{2+} 对反应有催化作用，反应速度加快，在滴定时加热溶液也可以加快反应速度。

计算公式：

$$c_{KMnO_4} = \frac{2m_{Na_2C_2O_4} \times 1\ 000}{5M_{Na_2C_2O_4}V_{KMnO_4}} \times 100\%$$

三、仪器与试剂

仪器：分析天平、烧杯、玻璃垂熔漏斗、棕色试剂瓶、锥形瓶、滴定管、量筒、表面皿

试剂：$KMnO_4$（AR）、$Na_2C_2O_4$（基准试剂）、$3\ mol \cdot L^{-1}\ H_2SO_4$

四、实验步骤

1. $0.02\ mol \cdot L^{-1}\ KMnO_4$ 标准溶液的配制

称取 $KMnO_4$ 1.6 g～1.9 g，溶于 500 mL 新煮沸并放冷的蒸馏水中，混匀，置于棕色玻璃瓶中，于暗处放置 7～10 天（急用时可加热煮沸 1 h），用玻璃垂熔漏斗过滤，存于另一棕色玻璃瓶中，密塞。

2. $0.02\ mol \cdot L^{-1}\ KMnO_4$ 标准溶液的标定

准确称取于 105 ℃干燥至恒重的 $Na_2C_2O_4$ 基准试剂 0.18 g～0.2 g，置于锥形瓶中，加新制蒸馏水 30 mL，$3\ mol \cdot L^{-1}\ H_2SO_4$ 10 mL，搅拌使 $Na_2C_2O_4$ 溶解。加热至 75 ℃～85 ℃（手握锥形瓶有烫手的感觉，不能加热至沸腾，否则可能引起部分 $H_2C_2O_4$ 分解），用待标定的 $KMnO_4$ 标准溶液滴定。因反应速度慢，开始滴定时要慢，当第 1 滴颜色消失后，再加第 2 滴，由于生成了催化剂，使反应加快，后面可以加快滴定速度，原则是必须待前 1 滴溶液褪色后再加第 2 滴，至溶液呈淡粉红色并保持 30 s 不褪即为滴定终点。平行测定 3 次。

五、数据处理

表 5-9　$KMnO_4$ 标准溶液标定数据记录

试样编号	1	2	3
$m_{Na_2C_2O_4}$ /g			
V_{KMnO_4} 初读数/mL			
V_{KMnO_4} 终读数/mL			
V_{KMnO_4} /mL			
c_{KMnO_4} /mol · L^{-1}			
平均值/mol · L^{-1}			
极差			
相对平均极差/%			

六、思考题

1. 为什么用硫酸使溶液呈酸性？能不能用盐酸或硝酸？
2. 用 $KMnO_4$ 滴定时滴定速度应如何控制？为什么？
3. $Na_2C_2O_4$ 标定 $KMnO_4$ 的条件有哪些？
4. $Na_2C_2O_4$ 标定 $KMnO_4$ 时为何要加热？温度以多少为宜，为什么？

实验 8 硫代硫酸钠标准溶液的配制和标定

一、实验目的

1. 掌握 $Na_2S_2O_3$ 溶液的配制方法和保存条件。
2. 了解标定 $Na_2S_2O_3$ 溶液浓度的原理和方法。
3. 掌握间接碘量法实验的条件。

二、实验原理

$Na_2S_2O_3 \cdot 5H_2O$ 一般都含有少量杂质，如 S、Na_2SO_3、Na_2SO_4、Na_2CO_3 及 NaCl 等，同时还容易风化和潮解，因此，不能直接配制成准确浓度的溶液，只能是配制成近似浓度的溶液，然后再标定。

$Na_2S_2O_3$ 溶液易受空气中微生物等的作用而分解。

首先与溶解的 CO_2 作用：$Na_2S_2O_3$ 在中性或碱性溶液中较稳定，当 pH<4.6 时，溶液中含有的 CO_2 将其分解：

$$Na_2S_2O_3 + H_2CO_3 \longrightarrow NaHSO_3 + NaHCO_3 + S\downarrow$$

此分解作用一般发生在溶液配制后的最初 10 天内。由于分解后 1 分子 $Na_2S_2O_3$ 变成了 1 分子 $NaHSO_3$，1 分子 $Na_2S_2O_3$ 和 1 个碘原子作用，而 1 分子 $NaHSO_3$ 能和 2 个碘原子作用，因此从反应能力看溶液浓度增加了(以后由于空气的氧化作用浓度又慢慢变小)。在 pH＝9～10 间硫代硫酸盐溶液最为稳定，因此如在 $Na_2S_2O_3$ 溶液中加入少量 Na_2CO_3 很有好处。

其次是空气的氧化作用，使 $Na_2S_2O_3$ 的浓度降低：

$$2Na_2S_2O_3 + O_2 \longrightarrow 2Na_2SO_4 + 2S\downarrow$$

微生物的作用是使 $Na_2S_2O_3$ 分解的主要因素。

为了减少溶解在水中的 CO_2 和杀死水中的微生物，应用新煮沸后冷却的蒸馏水配制溶液并加入少量的 Na_2CO_3，使其浓度约为 0.02%，以防止

$Na_2S_2O_3$ 分解。日光能促使 $Na_2S_2O_3$ 溶液分解，所以 $Na_2S_2O_3$ 溶液应储于棕色瓶中，放置暗处，经 7～14 天后再标定。长期使用时，应定期标定，一般是 2 个月标定 1 次。

标定 $Na_2S_2O_3$ 溶液的方法：选用 KIO_3、$KBrO_3$ 或 $K_2Cr_2O_7$ 等氧化剂作为基准物，定量地将 I^- 氧化为 I_2，再按碘量法用 $Na_2S_2O_3$ 溶液滴定：

$$IO_3^- + 5I^- + 6H^+ = 3I_2 + 3H_2O$$
$$BrO_3^- + 6I^- + 6H^+ = 3I_2 + 3H_2O + Br^-$$
$$Cr_2O_7^{2-} + 6I^- + 14H^+ = 2Cr^{3+} + 3I_2 + 7H_2O$$
$$I_2 + 2Na_2S_2O_3 = Na_2S_4O_6 + 2NaI$$

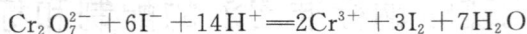

使用 KIO_3 和 $KBrO_3$ 作为基准物时不会污染环境。

三、仪器与试剂

仪器：分析天平、烧杯、棕色试剂瓶、250 mL 容量瓶、25 mL 移液管、锥形瓶、碘量瓶、滴定管、量筒、表面皿

试剂：分析纯 $Na_2S_2O_3$、基准物 $K_2Cr_2O_7$、20% KI 溶液、0.5 mol·L^{-1} H_2SO_4 溶液、(1∶1)HCl、硫酸溶液(20%)、0.5% 淀粉溶液(0.5 g 淀粉加少量水搅匀，把得到的浆状物倒入 100 mL 正在沸腾的蒸馏水中，继续煮沸至透明)

四、实验步骤

1. 0.1 mol·L^{-1} $Na_2S_2O_3$ 溶液的配制

称取 12.5 g $Na_2S_2O_3$·$5H_2O$ 置于 400 mL 烧杯中，加入 200 mL 新煮沸的冷却蒸馏水，待完全溶解后，加入 0.1 g Na_2CO_3，然后用新煮沸且冷却的蒸馏水稀释至 500 mL，保存于棕色瓶中，在暗处放置 7～14 天后标定。

2. 0.1 mol·L^{-1} $Na_2S_2O_3$ 溶液的标定

(1)基准试剂 KIO_3 的标定

准确称取基准试剂 KIO_3 若干克(自己计算)于 250 mL 烧杯中，加入少量蒸馏水溶解后，移入 250 mL 容量瓶中，用蒸馏水稀释至刻度，摇匀。

用移液管吸取上述标准溶液 25.00 mL 于 250 mL 锥形瓶中，加入 20% KI 溶液 5 mL 和 0.5 mol·L^{-1} H_2SO_4 溶液 5 mL，以水稀释至 100 mL，立即用待标定的 $Na_2S_2O_3$ 溶液滴定至呈淡黄色，再加入 5 mL 0.5% 淀粉溶液，继续用 $Na_2S_2O_3$ 溶液滴定至蓝色恰好消失，即为终点。

(2)基准试剂 $K_2Cr_2O_7$ 的标定

方法 1：准确称取基准试剂 $K_2Cr_2O_7$ 若干克(自己计算)于 250 mL 烧杯中，

加入少量蒸馏水溶解后，移入 250 mL 容量瓶中，用蒸馏水稀释至刻度，摇匀。用移液管吸取上述标准溶液 25.00 mL 于 250 mL 碘量瓶中，再加入 5 mL （1∶1）HCl，5 mL 20％ KI 溶液，盖上表面皿，在暗处放置 5 min 后，加 100 mL 水，用待标定的 $Na_2S_2O_3$ 溶液滴定至呈淡黄色，再加入 5 mL 0.5％淀粉溶液，滴至溶液呈亮绿色为终点。

方法 2：称取 0.15 g～0.18 g 于 120 ℃±2 ℃干燥至恒重的工作基准试剂重铬酸钾，置于碘量瓶中，溶于 25 mL 蒸馏水中，加入 2 g 碘化钾及 5 mL （1∶1）HCl，摇匀，于暗处放置 5 min，加 100 mL 蒸馏水，用配制好的硫代硫酸钠标准溶液滴定，近终点时加 5 mL 0.5％淀粉溶液，继续滴定至溶液由蓝色变为亮绿色。

若选用 $KBrO_3$ 作基准物时，其反应较慢，为加速反应需增加酸度，必须改为取 0.5 mol · L^{-1} H_2SO_4 溶液 5 mL，并在暗处放置 5 min 使反应进行完全。

五、数据处理

表 5-10　$Na_2S_2O_3$ 标准溶液标定数据记录

试样编号	1	2	3
$m_{K_2Cr_2O_7}$ /g			
$V_{Na_2S_2O_3}$ 初读数/mL			
$V_{Na_2S_2O_3}$ 终读数/mL			
$V_{Na_2S_2O_3}$ /mL			
$c_{Na_2S_2O_3}$ /mol · L^{-1}			
$\bar{c}_{Na_2S_2O_3}$ /mol · L^{-1}			
标准偏差			
相对标准偏差/％			

六、思考题

1. 以 $K_2Cr_2O_7$ 标定 $Na_2S_2O_3$ 溶液的浓度时为何要加入 KI？为何要在暗处放置 5 min？

2. 滴定前为何要稀释？淀粉指示剂为何要在接近终点时加入？

3. 标定 $Na_2S_2O_3$ 标准溶液的基准物有哪些？

4. $K_2Cr_2O_7$ 标定 $Na_2S_2O_3$ 的条件有哪些？

实验 9　硫酸铜中铜含量的测定

一、实验目的

1. 掌握用碘量法测定铜的原理和方法。
2. 进一步了解氧化还原滴定法的特点。

二、实验原理

二价铜盐在弱酸性溶液中与碘化物发生下列反应：

$$2Cu^{2+} + 4I^- \longrightarrow 2CuI \downarrow + I_2$$

析出的 I_2 用 $Na_2S_2O_3$ 标准溶液滴定，反应式为：

$$2S_2O_3^{2-} + I_2 \longrightarrow S_4O_6^{2-} + 2I^-$$

用淀粉作指示剂，蓝色刚好褪去为滴定终点，根据消耗的 $Na_2S_2O_3$ 标准溶液体积，可以计算出铜的含量。Cu^{2+} 与 I^- 的反应是可逆的，为了促使反应能趋于完全，必须加入过量的 KI。由于 CuI 沉淀强烈地吸附 I_2 分子，会使测定结果偏低。如果加入 KSCN，则使 CuI 转化为溶解度更小的 CuSCN：

$$CuI + SCN^- \longrightarrow CuSCN + I^-$$

这样不但可以释放出被吸附的 I_2 分子，而且反应时再生出来的 I^- 可与未反应的 Cu^{2+} 发生作用。在这种情况下，可以使用较少的 KI 而使反应进行得更完全。但是 KSCN 只能在接近终点时加入，否则因为 I_2 的量较多，会明显地为 KSCN 所还原而使结果偏低。

为了防止铜盐水解，反应必须在弱酸性溶液中进行。酸度过低，Cu^{2+} 氧化 I^- 的反应进行不完全，结果偏低，而且反应速度慢，终点拖长；酸度过高，则 I^- 被空气氧化为 I_2，$Na_2S_2O_3$ 也会被分解，使结果偏高：

$$S_2O_3^{2-} + 2H^+ \longrightarrow SO_2 + S \downarrow + H_2O$$

大量 Cl^- 能与 Cu^{2+} 络合，I^- 不易从 Cu^{2+} 的氯络合物中将 Cu^{2+} 定量地还原，因此最好用硫酸而不用盐酸(少量盐酸不干扰)。矿石或合金中的铜也可以用碘量法测定。但必须设法防止其他能氧化 I^- 的物质的干扰。防止的方法是加入掩蔽剂以掩蔽干扰离子，或在测定前将它们分离除去。

三、仪器与试剂

仪器：分析天平、碘量瓶、量筒、锥形瓶、滴定管、烧杯试剂：$0.100\ 0\ mol \cdot L^{-1}$ $Na_2S_2O_3$ 标准溶液、$1\ mol \cdot L^{-1}$ H_2SO_4 溶液、10％ KSCN 溶液、固体硫酸铜、10％KI 溶液、0.5％淀粉溶液

四、实验步骤

准确称取硫酸铜试样（每份质量相当于 20 mL～25 mL $0.100\ 0\ mol \cdot L^{-1}$ $Na_2S_2O_3$ 溶液）于 250 mL 碘量瓶中，加 5 mL $1\ mol \cdot L^{-1}$ H_2SO_4 溶液和 100 mL水使之溶解。加入 10 mL 10％ KI 溶液，立即用 $Na_2S_2O_3$ 标准溶液滴定至呈浅黄色。然后加入 2 mL 0.5％淀粉溶液，继续滴定到呈浅蓝色。再加 5 mL 10％ KSCN（可否用 NH_4SCN 代替）溶液，摇匀后溶液蓝色转深，再继续滴定到蓝色恰好消失，此时溶液为米色 CuSCN 悬浮液。由实验结果计算硫酸铜的含铜量。

五、数据处理

表 5-11　硫酸铜中铜含量测定数据记录

$$c_{Na_2S_2O_3} = \underline{\qquad\qquad} mol \cdot L^{-1}$$

试样编号	1	2	3
m_{CuSO_4} /g			
$V_{Na_2S_2O_3}$ 初读数/mL			
$V_{Na_2S_2O_3}$ 终读数/mL			
$V_{Na_2S_2O_3}$ /mL			
$CuSO_4$ 中铜含量 w_{Cu}/%			
平均值 $\overline{w}_{Cu}$/%			
标准偏差			
相对标准偏差/%			

六、思考题

1. 硫酸铜易溶于水，为什么溶解时要加硫酸？

2. 用碘量法测定铜含量时，为什么要加入 KSCN 溶液？如果在酸化后立即加入 KSCN 溶液，会产生什么影响？

3. 测定反应为什么一定要在弱酸性溶液中进行？

实验 10　硫酸铜中结晶水的测定

一、实验目的

1. 了解马弗炉或沙浴的使用操作。
2. 掌握硫酸铜晶体中的结晶水测定原理和方法。

二、实验原理

五水硫酸铜为蓝色晶体，在不同温度下逐步脱水，在 250 ℃左右成为白色粉末状的无水硫酸铜：

$$CuSO_4 \cdot 5H_2O \xrightarrow{48\ ℃} CuSO_4 \cdot 3H_2O \xrightarrow{99\ ℃} CuSO_4 \cdot H_2O \xrightarrow{250\ ℃} CuSO_4$$

本实验是在 300 ℃左右温度下将水合硫酸铜晶体加热完全失水，根据加热前后质量的变化可求得水合硫酸铜中结晶水的数目。

三、仪器与试剂

仪器：马弗炉、沙浴装置、坩埚、温度计（300 ℃）、电热套
试剂：水合硫酸铜

四、实验步骤

1. 坩埚恒重

已由教师在实验前完成，学生必须要了解坩埚恒重的意义及方法。

2. 硫酸铜脱水

在已恒重的坩埚中加入 1.0 g～1.2 g 研细的水合硫酸铜晶体，铺成均匀的一层，再在电子天平上准确称量坩埚及水合硫酸铜的总质量，减去已恒重坩埚的质量即为水合硫酸铜的质量。

将已称量的内装有水合硫酸铜晶体的坩埚置于沙浴盘中，将其 3/4 体积埋入沙内，在靠近坩埚的沙浴中插入 1 支温度计（300 ℃），其末端应与坩埚底部大致处于同一水平位置。加热沙浴至约 210 ℃，然后升温至 280 ℃左右，调节电热套以控制沙浴温度在 260 ℃～280 ℃。当坩埚内粉末由蓝色全部变为白色时停止加热（需 15 min～20 min）。用干净的坩埚钳将坩埚移入干燥器内，冷至室温。将坩埚外壁用滤纸擦干净后，在电子天平上称量坩埚和脱水硫酸铜的总

质量。计算脱水硫酸铜的质量。重复沙浴加热、冷却、称量，直到"恒重"（本实验要求两次称量之差不大于 2 mg）。实验后将无水硫酸铜倒入回收瓶中。

五、数据处理

表 5-12　硫酸铜中结晶水含量测定数据记录

试样编号	1	2
恒重坩埚质量/g		
恒重坩埚＋试样质量/g		
试样质量/g		
脱水后坩埚＋试样质量/g		
水质量/g		
水质量平均值/g		
极差		
平均值相对极差/%		

六、思考题

1. 简述结晶水测定原理。
2. 如果温度控制不好对结果有何影响？
3. 什么是恒重？
4. 如何计算结晶水？

实验 11　石灰石中钙、镁含量的测定

一、实验目的

1. 掌握石灰石的溶解和测定方法。
2. 进一步熟悉 EDTA 标准溶液的配制和标定。
3. 掌握配位滴定法和氧化还原滴定法的基本原理。

二、实验原理

1. 配位滴定法测定钙和镁

将白云石、石灰石等溶解并除去干扰离子后，调节溶液酸度至 pH≥12，以钙指示剂指示终点，用 EDTA 标准溶液滴定，即得到钙量。再取 1 份试液，调节其

酸度至 pH≈10，以铬黑 T(或 K-B 指示剂)作指示剂，用 EDTA 标准溶液滴定，此时得到钙、镁的总量。后者与前者 EDTA 溶液体积相减即可求得镁的量。

2. 氧化还原滴定法测定钙

石灰石的溶解：

$$CaCO_3 + 2H^+ \longrightarrow Ca^{2+} + CO_2 \uparrow + H_2O$$

钙离子的沉淀：

$$Ca^{2+} + C_2O_4^{2-} \longrightarrow CaC_2O_4 \downarrow$$

沉淀的溶解：

$$CaC_2O_4 + 2H^+ \longrightarrow Ca^{2+} + H_2C_2O_4$$

$C_2O_4^{2-}$ 的测定：

$$2MnO_4^- + 5H_2C_2O_4 + 6H^+ \longrightarrow 2Mn^{2+} + 10CO_2 \uparrow + 8H_2O$$

根据消耗的高锰酸钾标准溶液的体积，可求得钙离子的含量。

三、仪器与试剂

仪器：分析天平、烧杯、表面皿、250 mL 容量瓶、25 mL 移液管、锥形瓶、滴定管、量筒

试剂：0.020 00 mol·L⁻¹ EDTA 标准溶液、(1∶1)HCl 溶液、(1∶1)氨水、NH₃-NH₄Cl 缓冲液(pH≈10)、10% NaOH 溶液、钙指示剂、铬黑 T 指示剂、K-B 指示剂、0.2%甲基红指示剂、镁溶液、(1∶1)三乙醇胺溶液、0.020 00 mol·L⁻¹ KMnO₄

四、实验步骤

1. 配位滴定法

(1)石灰石的溶解

准确称取石灰石或白云石试样 0.5 g～0.7 g，放入 250 mL 烧杯中，徐徐加入 8 mL～10 mL(1∶1)HCl 溶液，盖上表面皿，用小火加热至近沸，待作用停止，再用(1∶1)HCl 溶液检查试样是否完全溶解(怎样判断)。如已完全溶解，移开表面皿，并用水吹洗表面皿。加水 50 mL，加入 1～2 滴甲基红指示剂，用(1∶1)氨水中和至溶液刚刚呈现黄色(为什么)。煮沸 1 min～2 min，趁热过滤于 250 mL 容量瓶中，用热水洗涤 7～8 次。冷却滤液，加水稀释至刻度，摇匀，待用。

在教学课时允许时，除去 Fe³⁺、Al³⁺ 等干扰离子可采用分离的方法，这样可以对沉淀、分离、洗涤等操作再进行一次训练。课时不足时，可以采用加

掩蔽剂的方法，即在石灰石、白云石试样经酸溶解完全后，用容量瓶稀释至 250 mL。然后在测定钙量和钙、镁含量时吸取出 25.00 mL 溶液加(1∶1)三乙醇胺溶液 3 mL，其他步骤不变。

（2）钙含量的滴定

先进行一次初步滴定[进行初步滴定的目的是便于在临近终点时才加入 NaOH 溶液，这样可以减少 $Mg(OH)_2$ 对 Ca^{2+} 的吸附作用，以防止终点的提前到达]。准确吸取 25.00 mL 试液，以 25 mL 水稀释，加 4 mL 10% NaOH 溶液，摇匀，使溶液 pH 达 12～13，再加约 0.01 g 钙指示剂(用试剂勺小头取 1 勺即可)，用 EDTA 标准溶液滴定至溶液呈蓝色(在快到终点时，必须充分振摇)，记录所用 EDTA 溶液的体积。然后做正式滴定：吸取 25.00 mL 试液，以 25 mL 水稀释，加入比初步滴定时所用约少 1 mL 的 EDTA 溶液，再加入 4 mL 10% NaOH 溶液，然后再加入 0.01 g 钙指示剂，继续以 EDTA 滴定至终点，记下滴定所用去的体积 V_1。

（3）钙、镁总量的滴定

吸取试液 25.00 mL，以 25 mL 水稀释，加入 5 mL NH_3-NH_4Cl 缓冲溶液，使溶液酸度保持在 pH≈10，摇匀，再加入 0.01 g 铬黑 T 指示剂(或 K-B 指示剂)，以 EDTA 标准溶液滴定至终点，记下滴定所用去的体积 V_2。

2. 氧化还原滴定法

（1）石灰石试样(记样品号)的溶解和草酸钙沉淀的制备

$\underline{准确称取石灰石试样\,0.1\,g～0.2\,g}\atop\underline{于\,400\,mL\,烧杯中}$(共称两份)→盖上表面皿→$\xrightarrow[约\,7\,mL]{滴加(1∶1)HCl}$→全

溶→$\xrightarrow[120\,mL]{加水}$→$\xrightarrow[2\,滴]{甲基橙}$溶液呈红色→$\xrightarrow[15\,mL～20\,mL]{0.25\,mol/L\,(NH_4)_2C_2O_4}$→$\xrightarrow[70\,℃～80\,℃]{加热至}$→

$\xrightarrow[边滴边搅]{滴加\,3\,mol/L\,氨水}$→$\xrightarrow[盖上表面皿]{滴至溶液变黄}$→$\xrightarrow[过夜]{置于柜中}$→陈化

（2）CaC_2O_4 沉淀的过滤和洗涤

$\xrightarrow[形成水柱]{滤纸的折叠与安放}$→$\xrightarrow[倾泻法]{沉淀的过滤}$(用干净烧杯承接试液)→$\xrightarrow[用水洗\,4～5\,次]{沉淀的洗涤}$→洗至用

$AgNO_3$ 溶液检验，滤液中无白色沉淀为止

（3）CaC_2O_4 沉淀的溶解和测定

$\xrightarrow[贴在烧杯内壁上(沉淀向杯内)]{将带有沉淀的滤纸展开}$→$\xrightarrow[用滴管滴加，把沉淀洗至杯内]{1\,mol/L\,H_2SO_4\,50\,mL}$→$\xrightarrow[加热至\,75\,℃～85\,℃]{加水\,100\,mL}$→

$\xrightarrow[将滤纸浸入溶液中]{用\,KMnO_4\,溶液滴至刚呈粉红色}$→$\xrightarrow[粉红色\,30\,s\,内不褪色即为终点]{继续用\,KMnO_4\,溶液滴至呈粉红色}$

五、计算公式

1. 配位滴定法

$$Ca\% = \frac{c_{EDTA}V_{EDTA}M_{Ca}\times 10^{-3}\times 100}{m_s}$$

$$Mg\% = \frac{c_{EDTA}(V_2-V_1)_{EDTA}M_{Mg}\times 10^{-3}\times 100}{m_s}$$

2. 氧化还原滴定法

$$Ca\% = \frac{5}{2}\times\frac{c_{KMnO_4}V_{KMnO_4}M_{Ca}}{1\,000\times m_s}\times 100$$

六、数据处理

表 5-13　配位滴定法数据

$c_{EDTA} =$ _____ mol·L^{-1}

试样编号	1	2	3
$m_{试样} =$ _____ g　定容 250.0 mL			
试液体积 V/mL	25.00	25.00	25.00
V_{Ca}、V_{Mg}/mL			
Ca、Mg 质量分数/%			
Ca、Mg 质量分数平均值/%			
极差			
相对平均值极差/%			

表 5-14　氧化还原滴定法数据

$c_{KMnO_4} =$ _____ mol·L^{-1}

试样编号	1	2
$m_{试样}$/g		
V_{KMnO_4}/mL		
Ca 质量分数/%		
Ca 质量分数平均值/%		
极差		
相对平均值极差/%		

七、思考题

1. 氧化还原滴定法测定石灰石中钙、镁含量的原理是什么？
2. 在沉淀操作中，为了使沉淀颗粒更大，应该如何操作？
3. 如何检查试样溶解是否完全？
4. 如何消除铁、铝的干扰？

实验 12　邻二氮菲分光光度法测定微量铁

一、实验目的

1. 掌握分光光度法测定微量铁的原理。
2. 学会分光光度计的正确使用。
3. 掌握吸收曲线、工作曲线的绘制及使用。

二、实验原理

邻二氮菲(o-ph)是测定微量铁的较好显色试剂，在 pH＝2～9 的溶液中，试剂与 Fe^{2+} 生成稳定的红色配合物，其 $\lg K_{稳}＝21.3$，摩尔吸光系数 $\varepsilon＝1.1\times10^4$，其反应式如下：

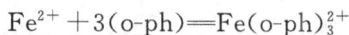

$$Fe^{2+}＋3(o\text{-}ph)＝Fe(o\text{-}ph)_3^{2+}$$

红色配合物的最大吸收峰在 510 nm 波长处。本方法的选择性很高，相当于含铁量 40 倍的 Sn^{2+}、Al^{3+}、Ca^{2+}、Mg^{2+}、Zn^{2+}、SiO_3^{2-}，20 倍的 Cr^{3+}、Mn^{2+}、$V(V)$、PO_4^{3-}，5 倍的 Co^{2+}、Cu^{2+} 等均不干扰测定。

三、仪器与试剂

仪器：分光光度计、50 mL 容量瓶、5 mL 移液管、1 cm 比色皿、吸量管（1 mL、2 mL、10 mL）

试剂：100.0 mg·L^{-1}铁标准溶液[准确称取 0.863 4 g $NH_4Fe(SO_4)_2$·$12H_2O$，置于烧杯中，加入 20 mL(1∶1) HCl 和少量水，溶解后，定量地转移至 1 000 mL 容量瓶中，以水稀释至刻度，摇匀]、25.00 mg·L^{-1}铁标准溶液（准确移取 25.00 mL 100.0 mg·L^{-1}铁标准溶液于 100.0 mL 容量瓶中，定容）、邻二氮菲[0.15%（新配制的水溶液）]、盐酸羟胺[10%水溶液（临用时配制）]、pH＝4.5 的醋酸—醋酸钠溶液（将 30 mL 冰醋酸和 30 g 无水醋酸钠溶于 100 mL 水中，用水稀释至 500 mL）、0.1 mol·L^{-1}氢氧化钠溶液

四、实验步骤

1. 吸收曲线的绘制:在分光光度计上,用 1 cm 比色皿,以试剂空白为参比液,在 460 nm～560 nm 之间每隔 10 nm 测定 1 次 4 号标准液的吸光度。绘制吸光度(A)—波长(λ)曲线。

2. 标准曲线的制作:在 6 只 50 mL 容量瓶中,用吸量管分别准确加入 25.00 mg·L^{-1}铁标准溶液 0.00,1.00,2.00,3.00,4.00,5.00 mL。分别加入 1.00 mL 10%盐酸羟胺溶液(含 0.1 mg·L^{-1}),5.00 mL pH＝4.5 的醋酸—醋酸钠溶液和 2.00 mL 0.15%邻二氮菲溶液,以水稀释至刻度,摇匀。在选定波长下,用 1 cm 比色皿,以试剂空白为参比液,测定各溶液的吸光度。以铁浓度(或铁质量)为横坐标,以溶液相应的吸光度为纵坐标,绘制标准曲线。

3. 试样的测定:准确移取 10.00 mL 试样,与标准曲线一样配制,相同条件下测定其吸光度 A,从标准曲线上查得试样的铁浓度(或铁质量),再换算成原始浓度。

五、数据处理

表 5-15　吸收曲线数据

波长 λ/nm	460	470	480	490	500	510	520	530	540	550	560
A											

表 5-16　标准曲线溶液的配制及测量

铁标准溶液浓度:25.00 mg·L^{-1}

编号	1	2	3	4	5	6	未知 1	未知 2
$V_{铁标准溶液}$/mL	0.00	1.00	2.00	3.00	4.00	5.00	10.00	10.00
$c_{铁}$/ mg·L^{-1}或 $m_{铁}$/g								
$V_{盐酸羟胺}$/mL				1.00				
$V_{醋酸—醋酸钠}$/mL				5.00				
$V_{邻二氮菲}$/mL				2.00				
吸光度 A								

六、思考题

1. 邻二氮菲分光光度法测定微量铁时为什么要加入邻二氮菲、盐酸羟胺、醋酸—醋酸钠缓冲溶液?

2. 吸收曲线与标准曲线有何区别？在实际应用中有何意义？
3. 本实验中吸收曲线的作用是什么？

实验 13　醋酸解离常数和解离度的测定

一、实验目的

1. 加深有关解离平衡基本概念的认识。
2. 了解两种弱酸解离常数的测定方法。
3. 学习 pH 计的使用。

二、实验原理

1. pH 法

醋酸是一元弱酸，在水溶液中存在下列解离平衡：

$$HAc + H_2O \rightleftharpoons H_3O^+ + Ac^- \tag{1}$$

根据化学平衡原理，平衡时有：

$$K_a = \frac{[H_3O^+] \times [Ac^-]}{[HAc]} \tag{2}$$

式中，$[H_3O^+]$ 和 $[Ac^-]$ 分别为 H_3O^+ 和 Ac^- 的平衡浓度。K_a 为弱酸的解离常数，对每一弱酸，在给定温度下，它的数值是一定的。

将 HAc 配成一定浓度（$[HAc]_0$）的溶液，根据式(1)，各物质的平衡浓度有下列关系：

$$[H_3O^+] = [Ac^-]$$
$$[HAc] = [HAc]_0 - [H_3O^+]$$

则

$$K_a = \frac{[H_3O^+]^2}{[HAc]_0 - [H_3O^+]} \tag{3}$$

而 $pH = -\lg[H_3O^+]$，所以测得溶液的 pH，即可算出 $[H_3O^+]$，并带入式(3)求得 K_a。因 HAc 是弱酸，电离很少，即有 $[H_3O^+] \ll [HAc]_0$，所以

$$[HAc]_0 - [H_3O^+] \approx [HAc]_0$$

故式(3)可简化为：

$$K_a = \frac{[H_3O^+]^2}{[HAc]_0}$$

2. 半中和法

在式(2) $K_a = \dfrac{[H_3O^+] \times [Ac^-]}{[HAc]}$ 中，如果 HAc 被中和一半，则有

$$[HAc] = [Ac^-]$$

此时式中 $K_a = [H_3O^+]$，即

$$pK_a = pH$$

三、仪器与试剂

仪器：酸度计、滴管、25 mL 移液管、50 mL 移液管、100 mL 容量瓶、洗瓶、洗耳球、锥形瓶、0～100 ℃温度计、50 mL 烧杯、碱式滴定管

试剂：HAc 溶液、NaOH 标准溶液、标准缓冲溶液、酚酞指示剂

四、实验步骤

1. pH 法

(1)HAc 溶液浓度的标定

用 25 mL 移液管取欲标定的 0.1 mol·L⁻¹ HAc 溶液 25.00 mL，加到锥形瓶中。加入 2 滴酚酞指示剂，然后用 NaOH 标准溶液滴定至溶液呈淡红色，振动后不褪色为止。记录消耗 NaOH 标准溶液的体积，算出 HAc 的准确浓度。重复滴定 2 次，求 HAc 浓度的平均值。在 HAc 瓶上标上"1"号。

(2)配制不同浓度的 HAc 溶液

取 4 个 100 mL 容量瓶，分别标上"2""3""4""5"号。用 50 mL 移液管取 50 mL 上面标定的 HAc 溶液到"2"号容量瓶中，加蒸馏水至标线，摇匀。

用另一支 50 mL 移液管从"2"号中取 50 mL 经 1 次稀释的 HAc 溶液到"3"号容量瓶中，加蒸馏水至标线，摇匀。

用同样方法从容量瓶"3"中取 50 mL HAc 溶液至容量瓶"4"，加蒸馏水至标线，摇匀。从容量瓶"4"中取 50 mL HAc 溶液至容量瓶"5"，加蒸馏水至标线，摇匀。即得到不同浓度的 HAc 溶液。

(3)HAc 溶液 pH 测定

将 5 个 50 mL 烧杯分别标上"1""2""3""4""5"号，然后将所对应的 HAc 溶液倒入，用 pH 计分别测定 pH，计算结果。

2. 半中和法

(1)用 25 mL 移液管取欲标定的 0.1 mol·L⁻¹ HAc 溶液 25.00 mL，加到锥形瓶中。加入 2 滴酚酞指示剂，然后用 NaOH 标准溶液滴定至呈淡红色，振动后不褪色为止。记录消耗 NaOH 标准溶液的体积。

(2)计算 0.1 mol·L⁻¹ HAc 溶液 25.00 mL 中和一半时需要的 NaOH 标准溶液体积。

(3)准确移取 0.1 mol·L⁻¹ HAc 溶液 25.00 mL，加入中和一半时需要的 NaOH 标准溶液体积，用酸度计测定其 pH，可求出 K_a 值。

五、数据处理

1. HAc 溶液的标定

$c_{NaOH} =$ _____ mol · L^{-1}；　　$V_{NaOH} =$ _____ mL

$V_{HAc} =$ _____ mL；　　　　HAc 的 $c_0 =$ _____ mol · L^{-1}

2. pH 法测定电离常数 K_a 数据

表 5-17　pH 法测定数据

编号	[HAc]$_0$	pH	[H$^+$]	K_a
1				
2				
3				
4				
5				

3. 半中和法测定电离常数 K_a 数据

表 5-18　半中和法测定数据

实验室提供的标准 NaOH 的浓度：_____ mol · L^{-1}

实验编号	1	2
移取 HAc 的体积/mL	20.00	20.00
中和 HAc 所需 NaOH 的体积/mL		
半中和 HAc 所需 NaOH 的体积/mL		
半中和液（缓冲溶液）配制 （HAc-NaOH 体积比）		
用 pH 计测定半中和溶液 pH		
HAc 溶液的解离常数 K_a		
$\overline{K}_a$		

六、思考题

1. pH 法测定电离常数的原理是什么？
2. 半中和法测定电离常数的原理是什么？
3. 弱酸电离常数和电离度与弱酸浓度的关系是怎样的？
4. 两种测定方法公式的推导。

第6章　研究(设计)性实验

开设研究(设计)性实验课程,旨在构建一个培养学生综合能力的平台,力图使传统的注入式、验证性模仿教学转化为主动性、探索性教学,以增强学生的好奇心和兴趣,培养学生的科研素养和发现问题、分析问题、解决问题的能力,培养学生良好的学习习惯,培养严谨学风、诚实品德和科学精神。具体来讲,就是要培养学生查阅文献,对文献进行综述,拟定实验方案,独立完成实验,通过实验结果获取实验数据,并能进行数据处理,得出结论,掌握根据科学论文的格式进行写作,从而提高学生的综合能力。

一、分析方案设计报告格式(提前 1 周交)

1. 设计实验题目;
2. 各种方法的原理及注意事项;
3. 所需的仪器与试剂;
4. 实验操作步骤;
5. 相关公式、表格和误差来源分析。

二、实验报告格式

1. 实验题目;
2. 实验目的;
3. 实验原理;
4. 实验步骤;
5. 数据记录及计算;
6. 讨论(对该设计方案的科学性、合理性、可操作性进行讨论和评价,提出存在问题和改进意见)。

实验 1　三草酸合铁(Ⅲ)酸钾的制备及组成测定

一、实验目的

1. 通过学习三草酸合铁(Ⅲ)酸钾的合成方法,掌握无机制备的一般方法。
2. 掌握确定化合物组成的基本原理和方法。

3. 了解配合物的制备、分析到确定组成的全过程,掌握某些性质与有关结构测试的物理方法。

二、实验要求

三草酸合铁(Ⅲ)酸钾易溶于水(溶解度: 0 ℃, 每 100 g 水中溶解 4.7 g; 100 ℃, 每 100 g 水中溶解 117.77 g), 难溶于乙醇。110 ℃下可失去全部结晶水, 230 ℃时分解。此配合物对光敏感, 受光照射发生分解:

$$2K_3[Fe(C_2O_4)_3] \xrightarrow{\text{光}} 3K_2C_2O_4 + 2FeC_2O_4 + 2CO_2 \uparrow$$

因其具有光敏性, 所以常用来作为化学光量计。另外它也是一些有机反应良好的催化剂。

其合成工艺路线有多种, 方法之一是以硫酸亚铁铵为原料, 与草酸在酸性溶液中先制得草酸亚铁沉淀, 然后再用草酸亚铁在草酸钾和草酸的存在下, 以过氧化氢为氧化剂, 氧化得到铁(Ⅲ)草酸配合物。

三草酸合铁(Ⅲ)酸钾组成测定是将一定量的 $K_3[Fe(C_2O_4)_3] \cdot 3H_2O$ 晶体, 在 110 ℃下干燥脱水后称重, 就可得结晶水的含量; 用 $KMnO_4$ 标准溶液在酸性介质中滴定, 可测得草酸根的含量; 先用过量锌粉将其还原为 Fe^{2+}, 然后剩余的锌粉过滤掉, 再用 $KMnO_4$ 标准溶液滴定而测得铁的含量; 根据配合物中结晶水、草酸根、铁的含量, 就可计算出产物中钾的含量, 并确定配合物的化学式。

设计方案要求写出:

1. 三草酸合铁(Ⅲ)酸钾制备和成分测定方法的原理及注意事项;
2. 所需的仪器及试剂(含配制方法);
3. 操作步骤(样品的制备、组成测定、校准溶液标定);
4. 计算式(产率、成分含量、配合物化学式)及误差来源分析。

三、实验提示

1. 实验原理

(1)三草酸合铁(Ⅲ)酸钾的制备

本实验以硫酸亚铁铵为原料, 与草酸在酸性溶液中先制得草酸亚铁沉淀, 然后再用草酸亚铁在草酸钾和草酸的存在下, 以过氧化氢为氧化剂, 氧化得到铁(Ⅲ)草酸配合物。

主要反应为:

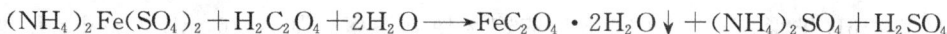

$$(NH_4)_2Fe(SO_4)_2 + H_2C_2O_4 + 2H_2O \longrightarrow FeC_2O_4 \cdot 2H_2O \downarrow + (NH_4)_2SO_4 + H_2SO_4$$

$$2FeC_2O_4 \cdot 2H_2O + H_2O_2 + 3K_2C_2O_4 + H_2C_2O_4 \longrightarrow 2K_3[Fe(C_2O_4)_3] \cdot 3H_2O$$

改变溶剂极性并加少量盐析剂，可析出绿色单斜晶体即纯的三草酸合铁（Ⅲ）酸钾，该产品易感光，应该在暗处保存。

（2）三草酸合铁（Ⅲ）酸钾组成测定

①结晶水含量的测定

将一定量的 $K_3[Fe(C_2O_4)_3] \cdot 3H_2O$ 晶体，在 110 ℃下干燥脱水后称重，就可计算结晶水的含量。

②$C_2O_4^{2-}$ 含量的测定：用 $KMnO_4$ 标准溶液在酸性介质中滴定，可测得草酸根的含量。

$$5C_2O_4^{2-} + 2MnO_4^- + 16H^+ \longrightarrow 10CO_2 \uparrow + 2Mn^{2+} + 8H_2O$$

③Fe^{3+} 含量的测定：先用过量锌粉将 Fe^{3+} 还原为 Fe^{2+}，然后把剩余的锌粉过滤掉，再用 $KMnO_4$ 标准溶液滴定 Fe^{2+} 而测得 Fe^{3+} 的含量。

$$5Fe^{2+} + MnO_4^- + 8H^+ \longrightarrow 5Fe^{3+} + Mn^{2+} + 4H_2O$$

④钾含量的确定：根据配合物中结晶水、草酸根、铁的含量，就可以计算出产物中钾的含量。

2. 实验内容

（1）三草酸合铁（Ⅲ）酸钾的制备

①草酸亚铁的制备：称取 5 g 硫酸亚铁铵固体放入 100 mL 烧杯中，然后加 15 mL 蒸馏水和 5~6 滴 1 mol · L^{-1} H_2SO_4，加热溶解后，再加入 25 mL 饱和草酸溶液，加热搅拌至沸，然后迅速搅拌片刻，防止飞溅，停止加热，静置，待黄色晶体 $FeC_2O_4 \cdot 2H_2O$ 沉淀后倾析，弃去上层清液，加入 20 mL 蒸馏水洗涤晶体，搅拌并温热，静置，弃去上层清液，即得黄色晶体草酸亚铁。

②三草酸合铁（Ⅲ）酸钾的制备：往草酸亚铁沉淀中加入饱和 $K_2C_2O_4$ 溶液 10 mL，40 ℃水浴加热，恒温下慢慢滴加 3% 的 H_2O_2 溶液 20 mL，沉淀转为深棕色，边加边搅拌，加完后将溶液加热至沸，然后加入 20 mL 饱和草酸溶液，沉淀立即溶解，溶液转为绿色，趁热过滤，滤液转入 100 mL 烧杯中，加入 95% 的乙醇 25 mL，混匀后冷却，可以看到烧杯底部有晶体析出。为了加快结晶速度，可往其中滴加 KNO_3 溶液，晶体完全析出后，抽滤，用乙醇—丙酮的混合液 10 mL 淋洒滤饼，抽干混合液。固体产品置于一表面皿上，置暗处晾干，称重，计算产率。

（2）三草酸合铁（Ⅲ）酸钾组成的测定

①$KMnO_4$ 溶液的标定：准确称取 0.13 g~0.17 g $Na_2C_2O_4$ 3 份，分别置于 250 mL 锥形瓶中，加 50 mL 蒸馏水使其溶解，加入 10 mL 3 mol · L^{-1}

H_2SO_4 溶液，在水浴上加热到 75 ℃～85 ℃，趁热用待标定的 $KMnO_4$ 溶液滴定，开始时滴定速率应慢，待溶液中产生了 Mn^{2+} 后，滴定速率可适当加快，但仍须逐滴加入，滴定至溶液呈现微红色并持续 30 s 内不褪色即为终点。根据每份滴定中 $Na_2C_2O_4$ 的质量和消耗的 $KMnO_4$ 溶液的体积，计算出 $KMnO_4$ 溶液的浓度。

②结晶水的测定：准确称取产品 0.5 g～0.6 g，放入已恒定的称量瓶中，放入烘箱，在 110 ℃下烘 1 h，在干燥器中冷却至室温，称重。重复干燥、冷却、称重的步骤，直到恒重。根据称量结果，计算产品中结晶水的含量，并换算成物质的量。

③$C_2O_4^{2-}$ 含量的测定：把制得的 $K_3Fe[(C_2O_4)_3] \cdot 3H_2O$ 在 50 ℃～60 ℃ 下于恒温干燥箱中干燥 1 h，在干燥器中冷却至室温，精确称取样品 0.2 g～0.3 g，放入 250 mL 锥形瓶中，加入 25 mL 水和 5 mL 1 mol·L^{-1} H_2SO_4，用标准 0.020 00 mol·L^{-1} $KMnO_4$ 溶液滴定，滴定时先滴入 8 mL 左右的 $KMnO_4$标准溶液，然后加热到 70 ℃～85 ℃（不高于 85 ℃），直至紫红色消失，再用 $KMnO_4$ 滴定热溶液，直至微红色在 30 s 内不消失即为终点，记下消耗 $KMnO_4$ 标准溶液的总体积，计算 $K_3Fe[(C_2O_4)_3] \cdot 3H_2O$ 中草酸根的质量分数，并换算成物质的量，滴定后的溶液保留待用。

④铁含量的测定：在上述滴定过草酸根的保留液中加锌粉还原，至黄色消失，加热 3 min，使 Fe^{3+} 完全转变为 Fe^{2+}，抽滤，用温水洗涤沉淀，滤液转入 250 mL 锥形瓶中，再利用 $KMnO_4$ 溶液滴定至微红色，计算 $K_3Fe[(C_2O_4)_3]$ 中铁的质量分数，并换算成物质的量。

⑤由测得的结晶水、草酸根和铁的含量计算出钾的含量，从而确定配合物的组成和化学式。

实验 2　水泥组分的分析

一、实验目的

1. 了解在同一份试样中进行多组分测定的系统分析方法。
2. 掌握难溶试样的分解方法。
3. 学习复杂样品中多组分的测定方法的选择。

二、实验要求

水泥熟料是调和生料经 1 400 ℃以上的高温煅烧而成的。普通硅酸盐水泥熟料的主要化学成分及其控制范围大致如表 6-1 所示。

表 6-1　硅酸盐水泥成分及其质量分数

化学成分	含量范围(质量分数)/%	一般控制范围(质量分数)/%
SiO_2	18～24	20～24
Fe_2O_3	2.0～5.5	3～5
Al_2O_3	4.0～9.5	5～7
CaO	60～68	63～68

同时，还要求 $\omega_{MgO} < 4.5\%$。

水泥熟料中碱性氧化物占 60% 以上，因此易为酸所分解，所以溶样一般用 HCl 溶解，生成硅酸和可溶性的氯化物。在用浓酸和加热蒸干等方法处理后，能使绝大部分硅酸水溶胶脱水成水凝胶析出，利用沉淀分离的方法把硅酸与水泥中的铁、铝、钙、镁等其他组分分开。用重量法测定 SiO_2 的含量，用 EDTA 滴定法测定铁、铝、钙、镁等成分的含量。

设计方案要求写出：

1. 水泥溶样和水泥中 SiO_2、铁、铝、钙、镁等成分的测定方法的原理及注意事项；

2. 所需的仪器及试剂(含试剂配制方法)；

3. 操作步骤(包括样品的溶解、SiO_2、铁、铝、钙、镁等成分的测定方法、EDTA 标准溶液标定)；

4. 计算式(标准溶液浓度、成分含量)及误差来源分析。

三、实验提示

1. 实验原理

(1)溶样

水泥熟料中碱性氧化物占 60% 以上，因此易为酸所分解，所以溶样一般用 HCl 溶解。

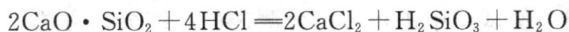

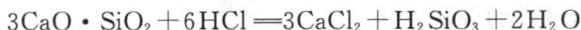

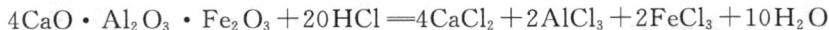

$$2CaO \cdot SiO_2 + 4HCl = 2CaCl_2 + H_2SiO_3 + H_2O$$
$$3CaO \cdot SiO_2 + 6HCl = 3CaCl_2 + H_2SiO_3 + 2H_2O$$
$$3CaO \cdot Al_2O_3 + 12HCl = 3CaCl_2 + 2AlCl_3 + 6H_2O$$
$$4CaO \cdot Al_2O_3 \cdot Fe_2O_3 + 20HCl = 4CaCl_2 + 2AlCl_3 + 2FeCl_3 + 10H_2O$$

硅酸是一种很弱的无机酸，在水溶液中绝大部分以溶胶状态存在，在用浓酸和加热蒸干等方法处理后，能使绝大部分硅酸水溶胶脱水成水凝胶析出，因此，可以利用沉淀分离的方法把硅酸与水泥中的铁、铝、钙、镁等其他组分分开。

(2)SiO_2 的测定

目前水泥分析中 SiO_2 的测定常用重量法，即取 1 份试样与固体 NH_4Cl 混匀后，再加 HCl 溶液，在水浴中分解，NH_4Cl 对硅酸溶胶起盐析作用，加热蒸发加速硅酸脱水凝聚，使 SiO_2 沉淀完全，沉淀经过过滤、洗涤后，在 950 ℃灼烧成固定成分的 SiO_2，然后称量，计算结果。

(3)Fe^{3+} 的测定

溶液酸度控制在 pH＝2～2.5，则溶液中共存的 Al^{3+}、Ca^{2+}、Mg^{2+} 等离子不干扰测定。指示剂为磺基水杨酸，终点颜色由紫红色变为亮黄色，加热至 60 ℃～70 ℃加快反应速度，但温度过高也会促使 Al^{3+} 与 EDTA 反应，并会促进 Fe^{3+} 水解，影响分析结果。

滴定反应：

$$Fe^{3+} + H_2Y^{2-} = FeY^- (亮黄色) + 2H^+$$

显色反应：

$$Fe^{3+} + HIn^- = FeIn^+ (紫红色) + H^+$$

终点反应：

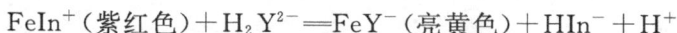
$$FeIn^+ (紫红色) + H_2Y^{2-} = FeY^- (亮黄色) + HIn^- + H^+$$

关键：正确控制酸度和掌握适当的温度。

(4)Al^{3+} 的测定

采用返滴定法，在滴定 Fe^{3+} 后的溶液中，加入过量 EDTA 标准溶液，再调节溶液的 pH 约为 4.3，将溶液煮沸，加快 Al^{3+} 与 EDTA 的络合反应，保证反应能定量完成，然后以 PAN 为指示剂，用 $CuSO_4$ 标准溶液滴定溶液中剩余的 EDTA，溶液逐渐由黄色变蓝绿色再变灰绿色，最后突然变亮紫色，即为终点。

滴定反应：

$$Al^{3+} + H_2Y^{2-} = AlY^- + 2H^+$$

返滴反应：

$$Cu^{2+} + H_2Y^{2-} = CuY^{2-} (蓝色) + 2H^+$$

终点反应：

$$Cu^{2+} + PAN(黄色) = Cu\text{-}PAN^{2+} (深红色)$$

(5)Ca^{2+} 的测定

一般在 pH＞12 时进行测定，此时 Mg^{2+} 形成 $Mg(OH)_2$ 沉淀而被掩蔽。

Fe^{3+}、Al^{3+} 的干扰用三乙醇胺消除。本实验采用钙指示剂，在 pH>12 时，钙指示剂本身为纯蓝色，与 Ca^{2+} 络合后呈酒红色。终点时溶液颜色由酒红色变为纯蓝色。

滴定反应：

$$Ca^{2+} + H_2Y^{2-} = CaY^{2-} + 2H^+$$

显色反应：

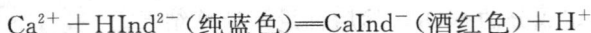
$$Ca^{2+} + HInd^{2-}(纯蓝色) = CaInd^-(酒红色) + H^+$$

终点反应：

$$CaInd^-(酒红色) + H_2Y^{2-} + OH^- = CaY^{2-} + HInd^{2-}(纯蓝色) + H_2O$$

(6) Mg^{2+} 的测定

镁的含量是采用差减法求得的，即在另一份试液中，于 pH=10 时用 EDTA 标准溶液滴定钙、镁含量，再从钙、镁含量中减去钙的含量后，即为镁的含量。

用 K-B 作指示剂，终点由红变蓝。Fe^{3+}、Al^{3+} 的干扰需要用三乙醇胺和酒石酸钾钠联合掩蔽。

滴定反应：

$$Ca^{2+}/Mg^{2+} + H_2Y^{2-} = CaY^{2-}/MgY^{2-} + 2H^+$$

显色反应：

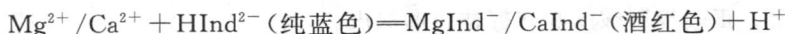
$$Mg^{2+}/Ca^{2+} + HInd^{2-}(纯蓝色) = MgInd^-/CaInd^-(酒红色) + H^+$$

终点反应：

$$MgInd^-(酒红色) + H_2Y^{2-} + OH^- = MgY^{2-} + HInd^{2-}(纯蓝色) + H_2O$$

2. 实验步骤

(1) EDTA 溶液的标定

从滴定管放出 15 mL 0.015 mol·L^{-1} EDTA 标准溶液于 400 mL 烧杯中，用水稀释至约 200 mL，加 15 mL pH=4.3 的 HAc-NaAc 缓冲溶液，加热至微沸，取下稍冷，加 3 滴 0.2% PAN 指示剂，以 0.015 mol·L^{-1} $CuSO_4$ 标准溶液滴定至溶液呈亮紫色。平行做 3 次，计算 EDTA 的平均浓度。

(2) 溶样及 SiO_2 测定

准确称取试样 0.5 g，置于干燥的 50 mL 烧杯中，加 2 g 固体 NH_4Cl，用玻璃棒混合，加 2 mL 浓 HCl 和 1 滴浓 HNO_3，充分搅拌均匀，使所有深灰色试样变为浅黄色糊状物，盖上表面皿，置于沸水浴上蒸发至近干（约 10 min～15 min），加 10 mL 热的 (3:97)HCl 溶液搅拌溶解可溶性盐，趁热用中速定量滤纸过滤，滤液用 250 mL 容量瓶盛接，用热的 (3:97)HCl 溶液洗涤烧杯

5～6 次后，继续用热的(3：97)HCl 溶液洗涤沉淀至无 Fe^{3+} 为止(用 KSCN 溶液检验)，冷却后，稀释至刻度，摇匀后保存，供测定铝、铁、钙、镁等含量用。

将含有沉淀的滤纸放入已恒重的坩埚中，在电炉上干燥、灰化，然后在 950 ℃ 的高温炉内灼烧 30 min 后取出，在干燥器中冷却至室温，称量，反复灼烧至恒重，计算试样中 SiO_2 的含量。

(3) Fe^{3+} 的测定

移取滤液 50 mL 于 400 mL 烧杯中，加 75 mL 水和 2 滴 0.05％溴甲酚绿指示剂(在 pH$<$3.8 时呈黄色，pH$>$5.4 时呈绿色)，逐滴加入(1：1)氨水，使之呈绿色，然后用(1：1)HCl 溶液调至黄色后再过量 3 滴，此时溶液酸度约为 pH$=$2，加热至 60 ℃～70 ℃，取下，加 10 滴 10％磺基水杨酸，以 0.015 mol·L^{-1} EDTA 标准溶液滴定至溶液由淡红紫色变为亮黄色作为终点，记下消耗EDTA 标准溶液的体积。平行做 3 次。保存该溶液，供测定 Al^{3+} 用。

(4) Al^{3+} 的测定

将滴定 Fe^{3+} 后的溶液加入 0.015 mol·L^{-1} EDTA 标准溶液约 20 mL，加水稀释至约 200 mL，再加入 15 mL pH$=$4.3 的 HAc-NaAc 缓冲溶液，煮沸 1 min～2 min，取下稍冷至 90 ℃，加入 4 滴 0.2％ PAN 指示剂，以 0.015 mol·L^{-1} $CuSO_4$ 标准溶液滴定，溶液逐渐由黄色变蓝绿色再变灰绿色，加 1 滴 $CuSO_4$ 溶液突然变亮紫色，即为终点，记下消耗 EDTA 标准溶液的体积。平行做 3 次。

(5) Ca^{2+} 的测定

移取滤液 25 mL 于 250 mL 锥形瓶中，加水稀释至约 50 mL，加 4 mL(1：1) 三乙醇胺，充分搅拌后，加 5 mL 10％ NaOH 溶液，摇匀，加入约药勺小头取 1 勺的固体钙指示剂，以 0.015 mol·L^{-1} EDTA 标准溶液滴定至溶液由酒红色变为纯蓝色，即为终点，所用 EDTA 体积为 V_1。平行做 3 次。

(6) Mg^{2+} 的测定

移取滤液 25 mL 于 250 mL 锥形瓶中，加水稀释至约 50 mL，加 1 mL 10％酒石酸钾钠溶液和 4 mL(1：1)三乙醇胺，搅拌 1 min，加入 5 mL pH$=$10 的 NH_3-NH_4Cl 缓冲溶液，再加入适量 K-B 指示剂，用 0.015 mol·L^{-1}EDTA 标准溶液滴定至溶液呈纯蓝色。根据此结果计算所得为 Ca^{2+}、Mg^{2+} 的总量，由此减去钙量即为镁量，所用 EDTA 体积为 V_2。平行做 3 次。

实验 3　漂白粉中有效氯和总钙量的测定

一、实验目的

1. 了解漂白粉中有效氯和总钙量测定的意义。
2. 掌握漂白粉中有效氯和总钙量测定的原理和方法。

二、实验要求

漂白粉的化学式为 $3Ca(OCl)_2 \cdot 2Ca(OH)_2$，其有效氯的含量一般为 30% 左右，它们被广泛用作纺织、印染、造纸工业的漂白剂。随着人们生活水平的提高以及对健康的重视，漂白粉又常用于饮水、地面、泳池、公共车辆的消毒，特别是灾后环境消毒。其中有效氯和总钙量是影响产品质量的两个重要指标，准确测定其含量是很重要的。要求学生自拟方案：用碘量法测定有效氯，配合滴定法测定固体总钙量。

设计方案要求写出：

1. 每种方法的原理及注意事项；
2. 所需的仪器及试剂；
3. 操作步骤(包括样品的处理、各种试剂配制方法、有效氯和总钙量的测定)；
4. 计算式(包括样品的取样量、测定结果的表示)及误差来源分析。

三、实验提示

1. 实验原理

(1)有效氯的测定原理

漂白粉的有效成分 $Ca(OCl)_2$ 在酸性溶液中与碘化钾反应析出碘，然后与标准 $Na_2S_2O_3$ 溶液反应，当溶液颜色由棕色变为浅黄色时，加入 $2\ mL$ 淀粉溶液(指示剂)，并滴定至无色为终点。其反应如下：

$$Ca(OCl)_2 + 4HCl = CaCl_2 + 2Cl_2 \uparrow + 2H_2O$$

上述反应中产生的 Cl_2 与 I^- 作用，其反应如下：

$$Cl_2 + 2I^- = 2Cl^- + I_2$$

再以淀粉为指示剂，用 $Na_2S_2O_3$ 溶液滴定析出的 I_2，其反应如下：

$$I_2 + 2Na_2S_2O_3 = 2NaI + Na_2S_4O_6$$

(2)总钙量的测定原理

在 pH≥12 的溶液中，以钙指示剂作指示剂，用 EDTA 标准溶液滴定，终点颜色由红色变纯蓝色。钙指示剂(常以 H_3Ind 表示)在水溶液中按下式解离：

$$H_3Ind \rightleftharpoons 2H^+ + HInd^{2-}$$

$HInd^{2-}$ 与 Ca^{2+} 形成比较稳定的配离子，其反应为：

$$HInd^{2-}(纯蓝色) + Ca^{2+} = CaInd^-(红色) + H^+$$

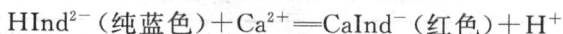

当用 EDTA 溶液滴定时，EDTA 能与 Ca^{2+} 形成比 $CaInd^-$ 更稳定的配离子，其反应如下：

$$CaInd^-(红色) + H_2Y^{2-} + OH^- = CaY^{2-} + HInd^{2-}(纯蓝色) + H_2O$$

2. 实验步骤

(1)$Na_2S_2O_3$ 溶液的标定

称取基准重铬酸钾 0.15 g(称准至 0.000 1 g)加入碘量瓶中，加 25 mL 水使其溶解。加 2 g 碘化钾及 5 mL 6 mol·L^{-1} HCl 溶液，盖上瓶塞轻轻摇匀，以少量水封住瓶口，于暗处放置 10 min。取出，用洗瓶冲洗瓶塞及瓶内壁，加入 150 mL 水，用配制的 $Na_2S_2O_3$ 溶液滴定，接近终点时(溶液为浅黄绿色)，加入 3 mL 0.5% 淀粉溶液，继续滴定至溶液由蓝色变为亮绿色为终点。所以终点的判断应为褪色后 30 s 内不变蓝即可读取 $Na_2S_2O_3$ 滴定液消耗的体积。平行标定 3 次，同时做空白实验。

(2)EDTA 溶液的标定

准确称取在 120 ℃烘干的碳酸钙 0.5 g～0.6 g，置于 250 mL 烧杯中，用少量蒸馏水润湿，盖上表面皿，缓慢加 10 mL(1∶1)HCl，加热溶解后定量地转入 250 mL 容量瓶中，定容后摇匀。吸取 25 mL，注入锥形瓶中，加 20 mL NH_3-NH_4Cl 缓冲溶液和铬黑 T 指示剂 2～3 滴，用欲标定的 EDTA 溶液滴定到由紫红色变为纯蓝色即为终点。平行标定 3 次，计算 EDTA 溶液的准确浓度。

(3)有效氯的测定

用电子天平称取基本相同的 0.12 g～0.15 g 漂白粉于碘量瓶中，加入少量蒸馏水溶解，然后加入 5 mL KI 溶液，接着加入 2～3 滴管盐酸，放于暗处 5 min 后，用 40 mL 水稀释，并迅速用 $Na_2S_2O_3$ 溶液滴定至溶液呈浅黄色，加入 1 mL 淀粉溶液，继续滴定溶液至蓝色消失即为终点，平行测定 3 次。

(4)总钙量的测定

在上述滴定后的碘量瓶中，为使滴定终点更敏锐，通常加入 1 mL 镁溶液。然后加 10 mL 约 10% NaOH 溶液，加入约 10 滴钙指示剂，摇匀后，用 EDTA 溶液滴定至由红色变为纯蓝色即为终点。平行测定 3 次。

附　　录

附录 1　元素相对原子质量 (A_r) 表

$$[\text{以 } A_r(^{12}\text{C}) = 12 \text{ 为标准}]$$

原子序数	元素名称	元素符号	相对原子质量
1	氢	H	1.00794(7)
2	氦	He	4.002602(2)
3	锂	Li	6.941(2)
4	铍	Be	9.012182(3)
5	硼	B	10.811(7)
6	碳	C	12.0107(8)
7	氮	N	14.0067(2)
8	氧	O	15.9994(3)
9	氟	F	18.9984032(5)
10	氖	Ne	20.1797(6)
11	钠	Na	22.98976928(2)
12	镁	Mg	24.3050(6)
13	铝	Al	26.9815386(8)
14	硅	Si	28.0855(3)
15	磷	P	30.973762(2)
16	硫	S	32.065(5)
17	氯	Cl	35.453(2)
18	氩	Ar	39.948(1)
19	钾	K	39.0983(1)
20	钙	Ca	40.078(4)
21	钪	Sc	44.955912(6)
22	钛	Ti	47.867(1)
23	钒	V	50.9415(1)
24	铬	Cr	51.9961(6)

原子序数	元素名称	元素符号	相对原子质量
25	锰	Mn	54.938045(5)
26	铁	Fe	55.845(2)
27	钴	Co	58.933195(5)
28	镍	Ni	58.6934(2)
29	铜	Cu	63.546(3)
30	锌	Zn	65.409(4)
31	镓	Ga	69.723(1)
32	锗	Ge	72.64(1)
33	砷	As	74.92160(2)
34	硒	Se	78.96(3)
35	溴	Br	79.904(1)
36	氪	Kr	83.798(2)
37	铷	Rb	85.4678(3)
38	锶	Sr	87.62(1)
39	钇	Y	88.90585(2)
40	锆	Zr	91.224(2)
41	铌	Nb	92.90638(2)
42	钼	Mo	95.94(2)
43	锝	Tc	[97.9072]
44	钌	Ru	101.07(2)
45	铑	Rh	102.90550(2)
46	钯	Pd	106.42(1)
47	银	Ag	107.8682(2)
48	镉	Cd	112.411(8)
49	铟	In	114.818(3)
50	锡	Sn	118.710(7)
51	锑	Sb	121.760(1)
52	碲	Te	127.60(3)

原子序数	元素名称	元素符号	相对原子质量
53	碘	I	126.90447(3)
54	氙	Xe	131.293(6)
55	铯	Cs	132.9054519(2)
56	钡	Ba	137.327(7)
57	镧	La	138.90547(7)
58	铈	Ce	140.116(1)
59	镨	Pr	140.90765(2)
60	钕	Nd	144.242(3)
61	钷	Pm	[145]
62	钐	Sm	150.36(2)
63	铕	Eu	151.964(1)
64	钆	Gd	157.25(3)
65	铽	Tb	158.92535(2)
66	镝	Dy	162.500(1)
67	钬	Ho	164.93032(2)
68	铒	Er	167.259(3)
69	铥	Tm	168.93421(2)
70	镱	Yb	173.04(3)
71	镥	Lu	174.967(1)
72	铪	Hf	178.49(2)
73	钽	Ta	180.94788(2)
74	钨	W	183.84(1)
75	铼	Re	186.207(1)
76	锇	Os	190.23(3)
77	铱	Ir	192.217(3)
78	铂	Pt	195.084(9)
79	金	Au	196.966569(4)
80	汞	Hg	200.59(2)

原子序数	元素名称	元素符号	相对原子质量
81	铊	Tl	204.3833(2)
82	铅	Pb	207.2(1)
83	铋	Bi	208.98040(1)
84	钋	Po	[208.9824]
85	砹	At	[209.9871]
86	氡	Rn	[222.0176]
87	钫	Fr	[223]
88	镭	Ra	[226]
89	锕	Ac	[227]
90	钍	Th	232.03806(2)
91	镤	Pa	231.03588(2)
92	铀	U	238.02891(3)
93	镎	Np	[237.1]
94	钚	Pu	[244.1]
95	镅	Am	[243.1]
96	锔	Cm	[247.1]
97	锫	Bk	[247.1]
98	锎	Cf	[251.1]
99	锿	Es	[252.1]
100	镄	Fm	[257.1]
101	钔	Md	[258.1]
102	锘	No	[259.1]
103	铹	Lr	[260.1]
104	𬬻*	Rf	[261.1]
105	𬭊*	Db	[262.1]
106	𬭳*	Sg	[263.1]
107	𬭛*	Bh	[264.1]
108	𬭶*	Hs	[265.1]

续表

原子序数	元素名称	元素符号	相对原子质量
109	鿏*	Mt	[265.1]
110	鿏*	Ds	[269]
111	铊*	Rg	[272]
112	暂无*	Uub	[285]
113	暂无	Uut	[284]
114	暂无	Uuq	[289]
115	暂无	Uup	[288]
116	暂无	Uuh	[292]
117	暂无	Uus	[291]
118	暂无	Uuo	[293]

注：相对原子质量加"[ ]"的为放射性元素半衰期最长同位素的质量数。元素名称注有
"＊"的为人造元素。

附录 2　不同温度下水的饱和蒸气压

$t/℃$	0.0		0.2		0.4		0.6		0.8	
	mmHg	kPa	mmHg	kPa	mmHg	kPa	mmHg	kPa	mmHg	kPa
0	4.579	0.6105	4.647	0.6195	4.715	0.6286	4.785	0.6379	4.855	0.6473
1	4.926	0.6567	4.998	0.6663	5.070	0.6759	5.144	0.6858	5.219	0.6958
2	5.294	0.7058	5.370	0.7159	5.447	0.7262	5.525	0.7366	5.605	0.7473
3	5.685	0.7579	5.766	0.7687	5.848	0.7797	5.931	0.7907	6.015	0.8019
4	6.101	0.8134	6.187	0.8249	6.274	0.8365	6.363	0.8483	6.453	0.8603
5	6.543	0.8723	6.635	0.8846	6.728	0.8970	6.822	0.9095	6.917	0.9222
6	7.013	0.9350	7.111	0.9481	7.209	0.9611	7.309	0.9745	7.411	0.9880
7	7.513	1.0017	7.617	1.0155	7.722	1.0295	7.828	1.0436	7.936	1.0580
8	8.045	1.0726	8.155	1.0872	8.267	1.1022	8.380	1.1172	8.494	1.1324
9	8.609	1.1478	8.727	1.1635	8.845	1.1792	8.965	1.1952	9.086	1.2114
10	9.209	1.2278	9.333	1.2443	9.458	1.2610	9.585	1.2779	9.714	1.2951
11	9.844	1.3124	9.976	1.3300	10.109	1.3478	10.244	1.3658	10.380	1.3839
12	10.518	1.4023	10.658	1.4210	10.799	1.4397	10.941	1.4527	11.085	1.4779
13	11.231	1.4973	11.379	1.5171	11.528	1.5370	11.680	1.5572	11.833	1.5776

t/℃	0.0		0.2		0.4		0.6		0.8	
	mmHg	kPa	mmHg	kPa	mmHg	kPa	mmHg	kPa	mmHg	kPa
14	11.987	1.5981	12.144	1.6191	12.302	1.6401	12.462	1.6615	12.624	1.6831
15	12.788	1.7049	12.953	1.7269	13.121	1.7493	13.290	1.7718	13.461	1.7946
16	13.634	1.8177	13.809	1.8410	13.987	1.8648	14.166	1.8886	14.347	1.9128
17	14.530	1.9372	14.715	1.9618	14.903	1.9869	15.092	2.0121	15.284	2.0377
18	15.477	2.0634	15.673	2.0896	15.871	2.1160	16.071	2.1426	16.272	2.1694
19	16.477	2.1967	16.685	2.2245	16.894	2.2523	17.105	2.2805	17.319	2.3090
20	17.535	2.3378	17.753	2.3669	17.974	2.3963	18.197	2.4261	18.422	2.4561
21	18.650	2.4865	18.880	2.5171	19.113	2.5482	19.349	2.5796	19.587	2.6114
22	19.827	2.6434	20.070	2.6758	20.316	2.7068	20.565	2.7418	20.815	2.7751
23	21.068	2.8088	21.342	2.8430	21.583	2.8775	21.845	2.9124	22.110	2.9478
24	22.377	2.9833	22.648	3.0195	22.922	3.0560	23.198	3.0928	23.476	3.1299
25	23.756	3.1672	24.039	3.2049	24.326	3.2432	24.617	3.2820	24.912	3.3213
26	25.209	3.3609	25.509	3.4009	25.812	3.4413	26.117	3.4820	26.426	3.5232
27	26.739	3.5649	27.055	3.6070	27.374	3.6496	27.696	3.6925	28.021	3.7358
28	28.349	3.7795	28.680	3.8237	29.015	3.8683	29.354	3.9135	29.697	3.9593
29	30.043	4.0054	30.392	4.0519	30.745	4.0990	31.102	4.1466	31.461	4.1944
30	31.824	4.2428	32.191	4.2918	32.561	4.3411	32.934	4.3908	33.312	4.4412
31	33.695	4.4923	34.082	4.5439	34.471	4.5957	34.864	4.6481	35.261	4.7011
32	35.663	4.7547	36.068	4.8087	36.477	4.8632	36.891	4.9184	37.308	4.9740
33	37.729	5.0301	38.155	5.0869	38.584	5.1441	39.018	5.2020	39.457	5.2605
34	39.898	5.3193	40.344	5.3787	40.796	5.4390	41.251	5.4997	41.710	5.5609
35	42.175	5.6229	42.644	5.6854	43.117	5.7484	43.595	5.8122	44.078	5.8766
36	44.563	5.9412	45.054	6.0087	45.549	6.0727	46.050	6.1395	46.556	6.2069
37	47.067	6.2751	47.582	6.3437	48.102	6.4130	48.627	6.4830	49.157	6.5537
38	49.692	6.6250	50.231	6.6969	50.774	6.7693	51.323	6.8425	51.879	6.9166
39	52.442	6.9917	53.009	7.0673	53.580	7.1434	54.156	7.2202	54.737	7.2976
40	55.324	7.3759	55.91	7.451	56.51	7.534	57.11	7.614	57.72	7.695

附录 3　实验室常用酸、碱溶液的浓度

溶液名称（分子式）	$d/(g \cdot mL^{-1})(20\ ℃)$	质量分数/%	物质的量浓度/mol · L^{-1}
盐酸（HCl）	1.18～1.19	36～38	12
硝酸（HNO₃）	1.39～1.40	65～68	15
硫酸（H₂SO₄）	1.83～1.84	95～98	18
冰醋酸（HAc）	1.05	99.9	17
磷酸（H₃PO₄）	1.69	85	15
高氯酸（HClO₄）	1.7～1.75	70～72	12
氨水（NH₃ · H₂O）	0.90～0.91	28	15
氢氧化钠（NaOH）	1.43	40	14

附录 4　混合酸碱指示剂

指示剂组成（体积比）	变色 pH	酸色	碱色	备注
1 份 0.1%甲基橙水溶液 1 份 0.25%靛蓝二磺酸钠水溶液	4.1	紫	绿	灯光下可滴定
1 份 0.02%甲基橙水溶液 1 份 0.1 溴甲酚绿钠盐水溶液	4.3	橙	蓝绿	pH3.5 黄色 pH4.05 黄绿 pH4.3 浅绿
3 份 0.1%溴甲酚绿 20%乙醇溶液 1 份 0.2%甲基红 60%乙醇溶液	5.1	酒红	绿	颜色变化极鲜明
1 份 0.2%甲基红乙醇溶液 1 份 0.1%次甲基蓝乙醇溶液	5.4	红紫	绿	pH5.2 红紫 pH5.4 暗蓝 pH5.6 绿色
1 份 0.1%溴甲酚绿钠盐水溶液 1 份 0.1%绿酚红钠盐水溶液	6.1	黄绿	蓝紫	pH5.6 蓝绿 pH5.8 蓝色 pH6.0 浅紫 pH6.2 蓝紫
1 份 0.1%溴甲酚紫钠盐水溶液 1 份 0.1 溴百里酚蓝钠盐水溶液	6.7	黄	紫蓝	pH6.2 黄紫 pH6.6 紫 pH6.8 蓝紫
1 份 0.1 中性红乙醇溶液 1 份 0.1 次甲基蓝乙醇溶液	7.0	蓝紫	绿	pH7.0 为蓝绿 必须保存在棕色瓶中

续表

指示剂组成(体积比)	变色pH	酸色	碱色	备注
1份0.1甲酚红钠盐水溶液 3份0.1%百里酚蓝钠盐水溶液	8.3	黄	紫	pH8.2玫瑰色 pH8.4紫色
1份0.1%百里酚蓝50%乙醇溶液 3份0.1酚酞50%乙醇溶液	9.0	黄	紫	pH9.0绿色

附录5　常用酸碱指示剂

指示剂	pK_{HIn}	变色范围pH	酸色	碱色	配制方法
百里酚蓝(麝香草酚蓝)	1.65	1.2~2.8	红	黄	0.1%的20%乙醇溶液
甲基黄	3.3	2.9~4.0	红	黄	0.1%的90%乙醇溶液
甲基橙	3.4	3.1~4.4	红	橙黄	0.05%水溶液
溴酚蓝	4.1	3.1~4.6	黄	紫	0.1%的20%乙醇溶液或 其钠盐的水溶液
溴甲酚绿	4.9	3.8~5.4	黄	蓝	0.1%的20%乙醇溶液 或0.1 g指示剂溶于2.9 mL 0.05 mol·L^{-1} NaOH溶液, 加水稀释至100 mL
甲基红	5.0	4.4~6.2	红	黄	0.1%的60%乙醇溶液
溴甲酚紫	6.3	5.2~6.8	黄	紫	0.1%的20%乙醇溶液
溴百里酚蓝(麝香草酚蓝)	7.3	6.2~7.3	黄	蓝	0.1%的20%乙醇溶液
中性红	7.4	6.8~8.0	红	黄橙	0.1%的60%乙醇溶液
百里酚蓝(第二变色范围)	9.2	8.0~9.6	黄	蓝	0.1%的20%乙醇溶液
酚酞	9.4	8.0~10.0	无色	红	0.5%的90%乙醇溶液
百里酚酞	10.0	9.4~10.6	无色	蓝	0.1%的90%乙醇溶液

附录6　缓冲溶液的配制

1. 氯化钾—盐酸缓冲溶液

0.2 mol·L^{-1} KCl/mL	50	50	50	50	50	50	50
0.2 mol·L^{-1} HCl/ mL	97.0	64.5	41.5	26.3	16.6	10.6	6.7
水/mL	53.0	85.5	108.5	123.7	133.4	139.4	143.3
pH(20 ℃)	1.0	1.2	1.4	1.6	1.8	2.0	2.2

2. 邻苯二甲酸氢钾—盐酸缓冲溶液

$0.2\ mol \cdot L^{-1}$ KHC$_6$H$_4$O$_4$/mL	50	50	50	50	50	50	50	50	50	50
$0.2\ mol \cdot L^{-1}$ HCl/mL	46.70	32.95	20.32	9.90	2.63	0.40	7.50	17.70	29.95	39.85
水/mL	103.30	117.05	129.68	140.10	147.37	149.60	142.50	132.30	120.05	110.15
pH(20 ℃)	2.2	2.6	3.0	3.4	3.8	4.0	4.4	4.8	5.2	5.6

3. 乙酸—乙酸钠缓冲溶液

$0.2\ mol \cdot L^{-1}$ HAc/mL	185	164	126	80	42	19
$0.2\ mol \cdot L^{-1}$ NaAc/mL	15	36	74	120	158	181
pH(20 ℃)	3.6	4.0	4.4	4.8	5.2	5.6

4. 磷酸二氢钾—氢氧化钠缓冲溶液

$0.2\ mol \cdot L^{-1}$ KH$_2$PO$_4$/mL	50	50	50	50	50	50
$0.2\ mol \cdot L^{-1}$ NaOH/mL	3.72	8.60	17.80	29.63	39.50	45.20
水/mL	146.28	141.40	132.20	120.37	110.50	104.80
pH(20 ℃)	5.8	6.2	6.6	7.0	7.4	7.8

5. 硼砂—氢氧化钠缓冲溶液

$0.2\ mol \cdot L^{-1}$ 硼砂/mL	90	80	70	60	50	40
$0.2\ mol \cdot L^{-1}$ NaOH/mL	10	20	30	40	50	60
pH(20 ℃)	9.35	9.48	9.66	9.94	11.04	12.32

6. 氨水—氯化铵缓冲溶液

$0.2\ mol \cdot L^{-1}$ NH$_3$·H$_2$O/mL	1	1	1	2	8	32
$0.2\ mol \cdot L^{-1}$ NH$_4$Cl/mL	32	8	2	1	1	1
pH(20 ℃)	8.0	8.58	9.1	9.8	10.4	11.0

7. 常用缓冲溶液的配制

pH	配制方法
3.6	8 g NaAc·3H$_2$O 溶于适量水中，加 134 mL 6 mol·L^{-1} HAc，稀释至 500 mL
4.0	将 60 mL 冰醋酸和 16 g 无水醋酸钠溶于 100 mL 水中，稀释至 500 mL
4.5	32 g NaAc·3H$_2$O 溶于适量水中，加 68 mL 6 mol·L^{-1} HAc，稀释至 500 mL
5.0	50 g NaAc·3H$_2$O 溶于适量水中，加 34 mL 6 mol·L^{-1} HAc，稀释至 500 mL
8.0	50 g NH$_4$Cl 溶于适量水中，加 3.5 mL 15 mol·L^{-1} NH$_3$·H$_2$O，稀释至 500 mL
8.5	40 g NH$_4$Cl 溶于适量水中，加 8.8 mL 15 mol·L^{-1} NH$_3$·H$_2$O，稀释至 500 mL
9.0	35 g NH$_4$Cl 溶于适量水中，加 24 mL 15 mol·L^{-1} NH$_3$·H$_2$O，稀释至 500 mL
9.5	30 g NH$_4$Cl 溶于适量水中，加 65 mL 15 mol·L^{-1} NH$_3$·H$_2$O，稀释至 500 mL
10	27 g NH$_4$Cl 溶于适量水中，加 197 mL 15 mol·L^{-1} NH$_3$·H$_2$O，稀释至 500 mL

附录 7　容量分析基准物质的干燥

基准物质	干燥温度和时间	基准物质	干燥温度和时间
碳酸钠	500 ℃～650 ℃，40 min～50 min	氯化物	500 ℃～650 ℃，40 min～50 min
草酸钠	150 ℃～200 ℃，1 h～1.5 h	硝酸银	室温，硫酸干燥器中至恒重
草酸	室温，空气干燥 2 h～4 h	碳酸钙	120 ℃，干燥至恒重
硼砂	室温，在 NaCl 和蔗糖饱和液的干燥器中，4 h	氧化锌	800 ℃灼烧至恒重
邻苯二甲酸氢钾	100 ℃～120 ℃，干燥至恒重	锌	室温，干燥器中 24 h 以上
重铬酸钾	100 ℃～110 ℃，3 h～4 h	氧化镁	800 ℃灼烧至恒重

附录 8　氧化还原指示剂

1. 常见氧化还原指示剂

指示剂名称	$E^{\ominus}$/V	颜色		配制方法
		氧化态	还原态	
二苯胺	0.76	紫	无色	将 1 g 二苯胺在搅拌下溶于 100 mL 浓硫酸和 100 mL 浓磷酸的混合液，储于棕色瓶中
二苯胺磺酸钠	0.85	紫	无色	将 0.5 g 二苯胺磺酸钠溶于 100 mL 水中，必要时过滤

续表

指示剂名称	$E^{\ominus}/V$	颜色		配制方法
		氧化态	还原态	
邻菲咯啉-Fe(Ⅱ)	1.06	淡蓝	红	将 0.5 g FeSO₄·7H₂O 溶于 100 mL 水中，加 2 滴硫酸，加 0.5 g 邻菲咯啉
邻苯氨基苯甲酸	1.08	紫红	无色	将 0.2 g 邻苯氨基苯甲酸加热溶于 100 mL 0.2% Na₂CO₃ 溶液中，必要时过滤

2. 不依赖 pH 的氧化还原指示剂

指示剂	$E^{\ominus}/V$	氧化态颜色	还原态颜色
2,2′-联吡啶钌配离子	+1.33	无色	黄色
5-硝基邻二氮菲亚铁配离子	+1.25	青色	红色
N-苯基邻氨基苯甲酸	+1.08	紫红	无色
1,10-邻二氮菲亚铁配离子	+1.06	青色	红色
羊毛罂红	+1.00	红色	黄色
百草枯	+1.0	蓝色	无色
2,2′-联吡啶亚铁配离子	+0.97	青色	红色
5,6-二甲基邻二氮菲亚铁配离子	+0.97	黄绿	红色
3,3′-二甲氧基联苯胺	+0.85	红色	无色
二苯胺磺酸钠	+0.84	紫红	无色
N,N′-二苯基联苯胺	+0.76	紫色	无色
二苯胺	+0.76	紫色	无色
紫精	+1.0	蓝色	无色

3. 依赖 pH 的氧化还原指示剂

指示剂	$E^{\ominus}/V$ 在 pH=0 时	$E^{\ominus}/V$ 在 pH=7 时	氧化态颜色	还原态颜色
二氯酚靛酚钠	+0.64	+0.22	蓝色	无色
邻甲酚靛钠	+0.62	+0.19	蓝色	无色
硫堇(劳氏紫)	+0.56	+0.06	紫色	无色
亚甲蓝	+0.53	+0.01	蓝色	无色

指示剂	$E^{\ominus}/V$ 在 pH＝0 时	$E^{\ominus}/V$ 在 pH＝7 时	氧化态颜色	还原态颜色
靛蓝四磺酸	＋0.37	−0.05	蓝色	无色
靛蓝三磺酸	＋0.33	−0.08	蓝色	无色
靛蓝胭脂红（靛蓝二磺酸）	＋0.29	−0.13	蓝色	无色
靛蓝单磺酸	＋0.26	−0.16	蓝色	无色
苯酚番红	＋0.28	−0.25	红色	无色
番红 T	＋0.24	−0.29	紫红	无色
中性红	＋0.24	−0.33	红色	无色

附录 9　金属离子指示剂的配制

指示剂名称	颜色		配制方法
	游离态	化合态	
铬黑 T(EBT)	蓝	红	将 0.2 g 铬黑 T 溶于 15 mL 三乙醇胺及 5 mL 乙醇中 将 1 g 铬黑 T 与 100 g NaCl 研细混匀
钙指示剂(N. N)	蓝	酒红	0.5 g 钙指示剂与 100 g NaCl 研细混匀
二甲酚橙(XO)	黄	红	0.2 g 二甲酚橙溶于 100 mL 去离子水中
K-B 指示剂	蓝	红	0.5 g 酸性铬蓝 K 加 1.25 g 萘酚绿 B 及 25 g 硫酸钾 研细混匀
磺酸水杨酸	无	红	10 g 磺酸水杨酸溶于 100 mL 水中
PAN 指示剂	黄	红	0.2 g PAN 溶于 100 mL 乙醇中

附录 10　吸附指示剂的配制

指示剂名称	颜色变化	配制方法
铬酸钾	黄→砖红	5 g 铬酸钾溶于 100 mL 水中
硫酸铁铵(40% 饱和溶液)	无色→血红	40 g $NH_4Fe(SO_4)_2 \cdot 12H_2O$ 溶于 100 mL 水中，加数滴浓硝酸
荧光黄	绿色荧光→玫瑰红	0.5 g 荧光黄溶于乙醇，并用乙醇稀释至 100 mL
二氯荧光黄	绿色荧光→玫瑰红	0.1 g 二氯荧光黄溶于 100 mL 水中
曙红	橙色→深红色	0.5 g 曙红溶于 100 mL 水中

附录 11　微溶化合物的溶度积常数

化合物	溶度积(温度 $t/$ ℃)	化合物	溶度积(温度 $t/$ ℃)
铁		锰	
草酸亚铁	2.1×10^{-7}(25)	氢氧化锰	4×10^{-14}(18)
硫化亚铁	3.7×10^{-19}(18)	硫化锰	1.4×10^{-15}(18)
铅		汞	
碳酸铅	7.4×10^{-14}(25)	氢氧化汞	3.0×10^{-26}(18～25)
铬酸铅	1.77×10^{-14}(18)	硫化汞(红)	4.0×10^{-53}(18～25)
氟化铅	3.3×10^{-8}(25)	硫化汞(黑)	1.6×10^{-52}(18～25)
碘酸铅	3.69×10^{-13}(25)	氯化亚汞	1.43×10^{-18}(25)
碘化铅	9.8×10^{-9}(25)	碘化亚汞	5.2×10^{-29}(25)
草酸铅	2.74×10^{-11}(18)	溴化亚汞	6.4×10^{-23}(25)
硫酸铅	2.53×10^{-8}(25)	镍	
硫化铅	3.4×10^{-28}(18)	硫化镍(α)	3.2×10^{-19}(18～25)
锂		硫化镍(β)	1.0×10^{-24}(18～25)
碳酸锂	8.15×10^{-4}(25)	硫化镍(γ)	2.0×10^{-26}(18～25)
镁		铝	
磷酸镁铵	2.5×10^{-13}(25)		4×10^{-13}(15)
碳酸镁	6.82×10^{-6}(25)	铝酸 H_3AlO_3	1.1×10^{-15}(18)
氟化镁	5.16×10^{-11}(25)		3.7×10^{-15}(25)
氢氧化镁	5.61×10^{-12}(25)	氢氧化铝	1.9×10^{-33}(18～20)
二水合草酸镁	4.83×10^{-6}(25)	钙	
钡		碳酸钙	3.36×10^{-9}(25)
碳酸钡	2.58×10^{-9}(25)	氟化钙	3.45×10^{-11}(25)
铬酸钡	1.17×10^{-10}(25)	碘酸钙	7.10×10^{-7}(25)
氟化钡	1.84×10^{-7}(25)	草酸钙	2.32×10^{-9}(25)
碘酸钡 $Ba(IO_3)_2 \cdot 2H_2O$	1.67×10^{-9}(25)	草酸钙 $CaC_2O_4 \cdot H_2O$	2.57×10^{-9}(25)
碘酸钡	4.01×10^{-9}(25)	硫酸钙	4.93×10^{-5}(25)
镉		钴	
草酸镉	1.42×10^{-8}(25)	硫化钴(a)	4.0×10^{-21}(18～25)

续表

化合物	溶度积(温度 t/ ℃)	化合物	溶度积(温度 t/ ℃)
氢氧化镉	7.2×10^{-15} (25)	硫化钴(b)	2.0×10^{-21} (18~25)
硫化镉	3.6×10^{-29} (18)	银	
铜		硫化银	1.6×10^{-49} (18)
一水合碳酸铜	6.94×10^{-8} (25)	溴化银	5.38×10^{-5} (25)
草酸铜	4.43×10^{-10} (25)	硫氰酸银	0.49×10^{-12} (18)
硫化铜	8.5×10^{-45} (18)		1.03×10^{-12} (25)
溴化亚铜	6.27×10^{-9} (25)	碳酸银	8.46×10^{-12} (25)
氯化亚铜	1.72×10^{-7} (25)	氯化银	1.77×10^{-10} (25)
碘化亚铜	1.27×10^{-12} (25)	铬酸银	1.2×10^{-12} (14.8)
硫化亚铜	2×10^{-47} (25)		1.12×10^{-12} (25)
硫氰酸亚铜	1.77×10^{-13} (25)	重铬酸银	2×10^{-7} (25)
亚铁氰化铜	1.3×10^{-16} (18~25)	氢氧化银	1.52×10^{-8} (20)
铁		碘酸银	3.17×10^{-8} (25)
氢氧化铁	2.79×10^{-39} (25)	碘化银	0.32×10^{-16} (13)
氢氧化亚铁	4.87×10^{-17} (25)		8.52×10^{-17} (25)
锶		锌	
碳酸锶	5.60×10^{-10} (25)	氢氧化锌	3×10^{-17} (25)
氟化锶	4.33×10^{-9} (25)	草酸锌 $ZnC_2O_4 \cdot 2H_2O$	1.38×10^{-9} (25)
草酸锶	5.61×10^{-8} (18)	硫化锌	1.2×10^{-23} (18)
硫酸锶	3.44×10^{-7} (25)		
铬酸锶	2.2×10^{-5} (18~25)		

附录 12　弱酸弱碱在水中的解离常数

(25 ℃，$I=0$)

弱酸	分子式	K_a	pK_a
砷酸	H_3AsO_4	6.3×10^{-3} (K_{a1})	2.20
		1.0×10^{-7} (K_{a2})	7.00
		3.2×10^{-12} (K_{a3})	11.50
亚砷酸	$HAsO_2$	6.0×10^{-10}	9.22

续表

弱酸	分子式	K_a	pK_a
硼酸	H_3BO_3	5.8×10^{-10}	9.24
焦硼酸	$H_2B_4O_7$	$1.0 \times 10^{-4}(K_{a1})$ $1.0 \times 10^{-9}(K_{a2})$	4 9
碳酸	$H_2CO_3(CO_2+H_2O)$	$4.2 \times 10^{-7}(K_{a1})$ $5.6 \times 10^{-11}(K_{a2})$	6.38 10.25
氢氰酸	HCN	6.2×10^{-10}	9.21
铬酸	H_2CrO_4	$1.8 \times 10^{-1}(K_{a1})$ $3.2 \times 10^{-7}(K_{a2})$	0.74 6.50
氢氟酸	HF	6.6×10^{-4}	3.18
亚硝酸	HNO_2	5.1×10^{-4}	3.29
过氧化氢	H_2O_2	1.8×10^{-12}	11.75
磷酸	H_3PO_4	$7.6 \times 10^{-3}(K_{a1})$ $6.3 \times 10^{-8}(K_{a2})$ $4.4 \times 10^{-13}(K_{a3})$	2.12 7.2 12.36
焦磷酸	$H_4P_2O_7$	$3.0 \times 10^{-2}(K_{a1})$ $4.4 \times 10^{-3}(K_{a2})$ $2.5 \times 10^{-7}(K_{a3})$ $5.6 \times 10^{-10}(K_{a4})$	1.52 2.36 6.60 9.25
亚磷酸	H_3PO_3	$5.0 \times 10^{-2}(K_{a1})$ $2.5 \times 10^{-7}(K_{a2})$	1.30 6.60
氢硫酸	H_2S	$1.3 \times 10^{-7}(K_{a1})$ $7.1 \times 10^{-15}(K_{a2})$	6.88 14.15
硫酸	HSO_4^-	$1.0 \times 10^{-2}(K_{a1})$	2
亚硫酸	$H_2SO_3(SO_2+H_2O)$	$1.3 \times 10^{-2}(K_{a1})$ $6.3 \times 10^{-8}(K_{a2})$	1.90 7.20
偏硅酸	H_2SiO_3	$1.7 \times 10^{-10}(K_{a1})$ $1.6 \times 10^{-12}(K_{a2})$	9.77 11.8
甲酸	HCOOH	1.8×10^{-4}	3.74

弱酸	分子式	K_a	pK_a
乙酸	CH_3COOH	1.8×10^{-5}	4.74
一氯乙酸	$CH_2ClCOOH$	1.4×10^{-3}	2.86
二氯乙酸	$CHCl_2COOH$	5.0×10^{-2}	1.30
三氯乙酸	CCl_3COOH	0.23	0.64
氨基乙酸	$^+NH_3CH_2COO^-$	$4.5 \times 10^{-3}\,(K_{a1})$ $2.5 \times 10^{-10}\,(K_{a2})$	2.35 9.60
抗坏血酸		$5.0 \times 10^{-5}\,(K_{a1})$ $1.5 \times 10^{-10}\,(K_{a2})$	4.30 9.82
乳酸	$CH_3CH(OH)COOH$	1.4×10^{-4}	3.86
苯甲酸	C_6H_5COOH	6.2×10^{-5}	4.21
草酸	$H_2C_2O_4$	$5.9 \times 10^{-2}\,(K_{a1})$ $6.4 \times 10^{-5}\,(K_{a2})$	1.22 4.19
d-酒石酸	$CH(OH)COOH$ $\mid$ $CH(OH)COOH$	$9.1 \times 10^{-4}\,(K_{a1})$ $4.3 \times 10^{-5}\,(K_{a2})$	3.04 4.37
邻苯二甲酸		$1.1 \times 10^{-3}\,(K_{a1})$ $3.9 \times 10^{-6}\,(K_{a2})$	2.95 5.41
柠檬酸	CH_2COOH $\mid$ $OH{-}C{-}COOH$ $\mid$ CH_2COOH	$7.4 \times 10^{-4}\,(K_{a1})$ $1.7 \times 10^{-5}\,(K_{a2})$ $4.0 \times 10^{-7}\,(K_{a3})$	3.13 4.76 6.40
苯酚	C_6H_5OH	1.1×10^{-10}	9.95
乙二胺四乙酸	$H_6\text{-EDTA}^{2+}$ $H_5\text{-EDTA}^+$ $H_4\text{-EDTA}$ $H_3\text{-EDTA}^-$ $H_2\text{-EDTA}^{2-}$ $H\text{-EDTA}^{3-}$	$0.1\,(K_{a1})$ $3 \times 10^{-2}\,(K_{a2})$ $1 \times 10^{-2}\,(K_{a3})$ $2.1 \times 10^{-3}\,(K_{a4})$ $6.9 \times 10^{-7}\,(K_{a5})$ $5.5 \times 10^{-11}\,(K_{a6})$	0.9 1.6 2.0 2.67 6.17 10.26

弱碱	分子式	K_b	pK_b
氨水	NH_3	1.8×10^{-5}	4.74
联氨	H_2NNH_2	$3.0 \times 10^{-6}(K_{b1})$ $1.7 \times 10^{-15}(K_{b2})$	5.52 14.12
羟胺	NH_2OH	9.1×10^{-9}	8.04
甲胺	CH_3NH_2	4.2×10^{-4}	3.38
乙胺	$C_2H_5NH_2$	5.6×10^{-4}	3.25
二甲胺	$(CH_3)_2NH$	1.2×10^{-4}	3.93
二乙胺	$(C_2H_5)_2NH$	1.3×10^{-3}	2.89
乙醇胺	$HOCH_2CH_2NH_2$	3.2×10^{-5}	4.50
三乙醇胺	$(HOCH_2CH_2)_3N$	5.8×10^{-7}	6.24
六次甲基四胺	$(CH_2)_6N_4$	1.4×10^{-9}	8.85
乙二胺	$H_2NCH_2CH_2NH_2$	$8.5 \times 10^{-5}(K_{b1})$ $7.1 \times 10^{-8}(K_{b2})$	4.07 7.15
吡啶	C_5H_5N	1.7×10^{-9}	8.77

附录 13　金属离子与氨羧络合剂配合物稳定常数的对数($\lg K_{MY}$)

($I = 0.1$, $t = 20\ ℃ \sim 25\ ℃$)

金属离子	EDTA	EGTA	DCTA
Ag^+	7.3		
Al^{3+}	16.1		17.6
Ba^{2+}	7.76	8.4	8.0
Bi^{3+}	27.94		24.1
Ca^{2+}	10.69	11.0	12.5
Ce^{3+}	15.98		
Cd^{2+}	16.46	15.6	19.2
Co^{2+}	16.31	12.3	18.9
Cr^{3+}	23.0		
Cu^{2+}	18.80	17	21.3
Fe^{2+}	14.33		18.2

金属离子	EDTA	EGTA	DCTA
Fe^{3+}	25.1		29.3
Hg^{2+}	21.8	23.2	24.3
La^{3+}	15.4	15.6	
Mg^{2+}	8.69	5.2	10.3
Mn^{2+}	14.04	10.7	16.8
Na^+	1.66		
Ni^{2+}	18.67	17.0	19.4
Pb^{2+}	18.0	15.5	19.7
Sn^{2+}	22.1		
Sr^{2+}	8.63	6.8	10.0
Th^{4+}	23.2		23.2
Ti^{3+}	21.3		
TiO^{2+}	17.3		
UO_2^{2+}	～10		
U^{4+}	25.5		
V^{3+}	25.9		
Y^{3+}	18.1		
Zn^{2+}	16.50	14.5	18.7

附录 14　EDTA 的 $\lg \alpha_{Y(H)}$ 值

pH	$\lg \alpha_{Y(H)}$	pH	$\lg \alpha_{Y(H)}$	pH	$\lg \alpha_{Y(H)}$	pH	$\lg \alpha_{Y(H)}$	pH	$\lg \alpha_{Y(H)}$
0.0	23.64	2.5	11.90	5.0	6.45	7.5	2.78	10.0	0.45
0.1	23.06	2.6	11.62	5.1	6.26	7.6	2.68	10.1	0.39
0.2	22.47	2.7	11.35	5.2	6.07	7.7	2.57	10.2	0.33
0.3	21.89	2.8	11.09	5.3	5.88	7.8	2.47	10.3	0.28
0.4	21.32	2.9	10.84	5.4	5.69	7.9	2.37	10.4	0.24
0.5	20.75	3.0	10.60	5.5	5.51	8.0	2.27	10.5	0.20
0.6	20.18	3.1	10.37	5.6	5.33	8.1	2.17	10.6	0.16

续表

pH	lg $\alpha_{Y(H)}$	pH	lg $\alpha_{Y(H)}$	pH	lg $\alpha_{Y(H)}$	pH	lg $\alpha_{Y(H)}$	pH	lg $\alpha_{Y(H)}$
0.7	19.62	3.2	10.14	5.7	5.15	8.2	2.07	10.7	0.13
0.8	19.08	3.3	9.92	5.8	4.98	8.3	1.97	10.8	0.11
0.9	18.54	3.4	9.70	5.9	4.81	8.4	1.87	10.9	0.09
1.0	18.01	3.5	9.48	6.0	4.65	8.5	1.77	11.0	0.07
1.1	17.49	3.6	9.27	6.1	4.49	8.6	1.67	11.1	0.06
1.2	16.98	3.7	9.06	6.2	4.34	8.7	1.57	11.2	0.05
1.3	16.49	3.8	8.85	6.3	4.20	8.8	1.48	11.3	0.04
1.4	16.02	3.9	8.65	6.4	4.06	8.9	1.38	11.4	0.03
1.5	15.55	4.0	8.44	6.5	3.92	9.0	1.28	11.5	0.02
1.6	15.11	4.1	8.24	6.6	3.79	9.1	1.19	11.6	0.02
1.7	14.68	4.2	8.04	6.7	3.67	9.2	1.10	11.7	0.02
1.8	14.27	4.3	7.84	6.8	3.55	9.3	1.01	11.8	0.01
1.9	13.88	4.4	7.64	6.9	3.43	9.4	0.92	11.9	0.01
2.0	13.51	4.5	7.44	7.0	3.32	9.5	0.83	12.0	0.01
2.1	13.16	4.6	7.24	7.1	3.21	9.6	0.75	12.1	0.01
2.2	12.82	4.7	7.04	7.2	3.10	9.7	0.67	12.2	0.005
2.3	12.50	4.8	6.84	7.3	2.99	9.8	0.59	13.0	0.0008
2.4	12.19	4.9	6.65	7.4	2.88	9.9	0.52	13.9	0.0001